"十二五"职业教育国家规划教材
经全国职业教育教材审定委员会审定
高等职业教育园林类专业系列教材

园林制图习题集

第5版

YUANLIN ZHITU XITIJI

主　编　黄　晖　　王云云
副主编　彭章华　　丁智音　　廖伟平　　王占锋
主　审　康小勇

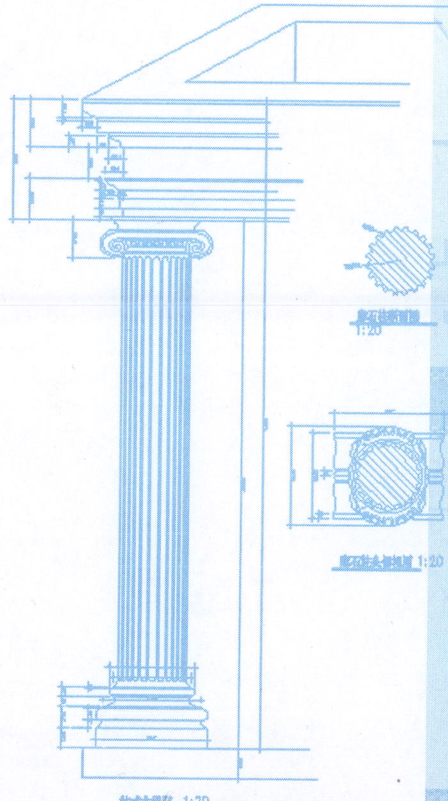

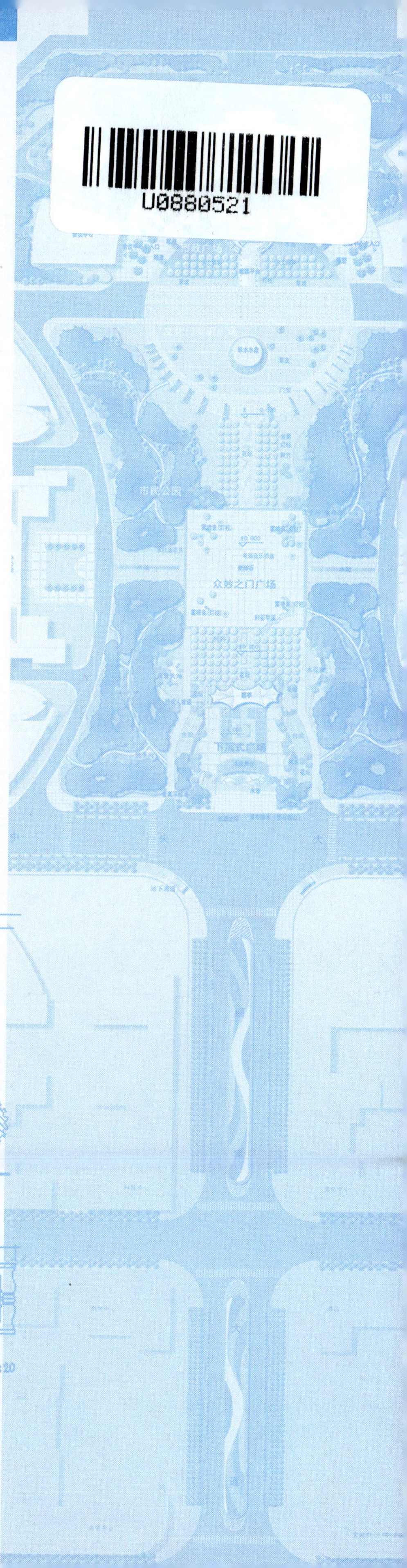

重庆大学出版社

内容提要

本书是“十二五”职业教育国家规划教材，是根据高等职业院校园林类专业人才培养目标的要求编写的，与《园林制图》配套使用的习题集。内容包括：园林制图基础知识、园林素材表现、投影原理、轴测图、阴影透视图、园林识图、综合实训等。本书具有内容新颖、实用性强、习题少而精等特点。本习题集配有电子教案（内容为所有习题的答案），供教师教学参考。

本教材适用于高职高专和应用型本科园林、景观环境艺术设计等专业使用，也可供种植等相关专业及园林行业人员自学参考使用。

图书在版编目（CIP）数据

园林制图习题集／黄晖，王云云主编. －－5版. －－重庆：重庆大学出版社，2022.1（2022.7重印）
高等职业教育园林类专业系列教材
ISBN 978-7-5624-9866-7

Ⅰ. ①园… Ⅱ. ①黄… ②王… Ⅲ. ①园林设计—建筑制图—高等职业教育—习题集 Ⅳ. ①TU986.2-44

中国版本图书馆CIP数据核字（2022）第002531号

高等职业教育园林类专业系列教材

园林制图习题集

（第5版）

主　编　黄　晖　王云云
副主编　彭章华　丁智音　廖伟平　王占锋
主　审　康小勇
责任编辑：何　明　　版式设计：莫　西　何　明
责任校对：谢　芳　　责任印制：赵　晟

*

重庆大学出版社出版发行
出版人：饶帮华
社址：重庆市沙坪坝区大学城西路21号
邮编：401331
电话：（023）88617190　88617185（中小学）
传真：（023）88617186　88617166
网址：http://www.cqup.com.cn
邮箱：fxk@cqup.com.cn（营销中心）
全国新华书店经销
重庆升光电力印务有限公司印刷

*

开本：787mm×1092mm　1/8　印张：14.25　字数：357千
2006年8月第1版　2022年1月第5版　2022年7月第18次印刷
印数：44 501—49 500
ISBN 978-7-5624-9866-7　定价：39.00元

编写人员名单

主　编　黄　晖　深圳职业技术学院

　　　　王云云　杨凌职业技术学院

副主编　彭章华　深圳园林股份有限公司

　　　　丁智音　深圳职业技术学院

　　　　廖伟平　广东科贸职业技术学院

　　　　王占锋　成都农业科技职业技术学院

参　编　李晓妍　深圳市东大景观设计有限公司

　　　　李　璟　宜宾职业技术学院

　　　　秦微娜　黑龙江生物科技职业学院

　　　　李　宁　河南职业技术学院

主　审　康小勇　深圳职业技术学院

前 言

本习题集与重庆大学出版社教材《园林制图》(第5版)配套使用。习题顺序与教材的章节相对应,以培养应用型技术人才为目的。其特点如下:

1. 习题由浅人深、循序渐进,针对性强,着眼于对学生基本技能的培养和训练,在强化基本理论的同时,以加强和提高基本技能为目的。

2. 采用最新国家标准,根据高职高专院校园林设计、园林工程专业的要求,各章习题与教材案例对应,根据知识点难易程度和技能要求程度配置题量,力求用较少的时间,使学生得到较好的训练。

3. 本习题集题目形式多样,注重理论联系实际,以看图、图形构思为主,侧重于训练学生的应用能力、想象能力及创新能力。

4. 每个练习题都配有解题技巧或解题启示,并配有答案供学习参考(答案设在重庆大学出版社的教学资源网站上)。

5. 为了满足各不同层次的能力训练的需求,本习题集还汇编了部分综合技能要求较高的绘图作业、绘图实训,在教学中可根据实际情况,予以灵活选择。

6. 为了更好地帮助同学学习教材内容,掌握重点,本习题集对《园林制图》教材各章节的基本概念、重点内容都做了总结和归纳,便于学生在做题前或做题中对所学相关章节的内容进行简单复习和巩固。

本习题集在第3版基础上做了些调整和修改。第一章增加绘图工具使用习题,加强了制图规范相关练习,特别是尺寸标注部分难度较第3版高一些,达到应用型本科要求。因新规范没有严格要求制图字体,在本章训练中,去除了仿宋字字体练习,建议每周要求学生临摹1~2页字帖。第二章提供了优质素材案例,建议作为课后作业训练。

本习题集可供高职高专院校园林、景观等专业使用,也可供中等职业技术学校使用和参考,同时还可供企业职工培训或工程技术人员参考。

《园林制图习题集》由黄晖、王云云主编,康小勇老师主审。

由于水平所限,书中不足之处,敬请广大读者提出批评意见和建议。

编 者

2021年11月

目 录

1 园林制图基础知识

本章导读 本章是学习园林制图的入门理论，主要学习常用制图工具的使用方法、国家制图的标准，包括图幅、图框、图线、尺寸标注的方法、字体书写等。学习几何作图、徒手作图的方法和步骤。

中心内容 本章是园林制图的基础，主要学习《国家制图标准》中图幅、图框、字体、比例、尺寸标注、几何作图的方法、步骤，徒手绘图的方法。

(1)制图的基本知识　园林制图要素表达的方法、规定、尺寸、技术要求、图例符号的画法、几何作图方法等。

(2)绘图的基本技能　仪器绘图和徒手绘图的方法和技能，使用绘图工具和仪器绘图的实际技能和技巧。

1.1 绘图工具及仪器的使用

1. 准备绘图工具。

名　称	推荐品牌和规格
图板	A1
丁字尺	>90 cm
三角尺	得力、蝴蝶，28 cm
圆规	有配套加长杆
圆模板	蝴蝶 5103
建筑模板	蝴蝶 5501
绘图钢笔	品牌：三菱、樱花
	规格：0.1 mm，0.5 mm，1.0 mm(0.8 mm)
铅笔	HB
橡皮擦	
胶带	
工程图纸	A2 两张，≥180 g
图纸筒	直径 7.5 cm 左右
复印纸	A4，20 张

2. 用比例尺绘制线段。

1∶10 绘制 30 cm 长线段

1∶20 绘制 1 m 长线段

1∶50 绘制 2 m 长线段

1∶100 绘制 5 m 长线段

1∶200 绘制 10 m 长线段

1∶300 绘制 20 m 长线段

3. 用 0.1 mm 绘图钢笔和曲线板、直尺、圆模、圆规等工具描绘下图。

姓 名		班 级		学 号		成 绩		其 他	

1.2 国家制图标准的有关规定(要求:熟悉制图标准,按照国家制图标准中的规定进行绘制。注意图线的线宽和线型、图纸的布局、图纸中的图框、标题栏、会签栏等的绘制)

1. 用 A4 图纸抄绘下图,注意线型。

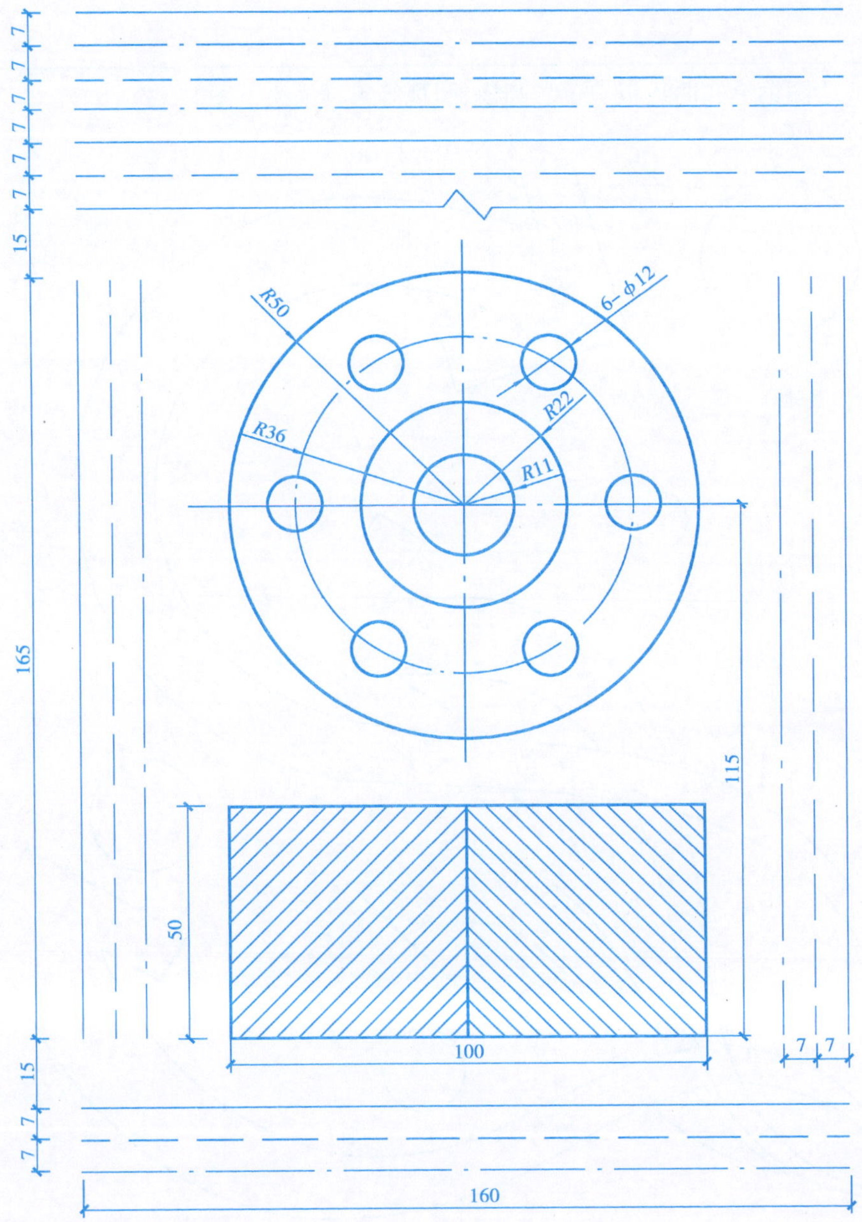

2. 在图中量取尺寸并标注。

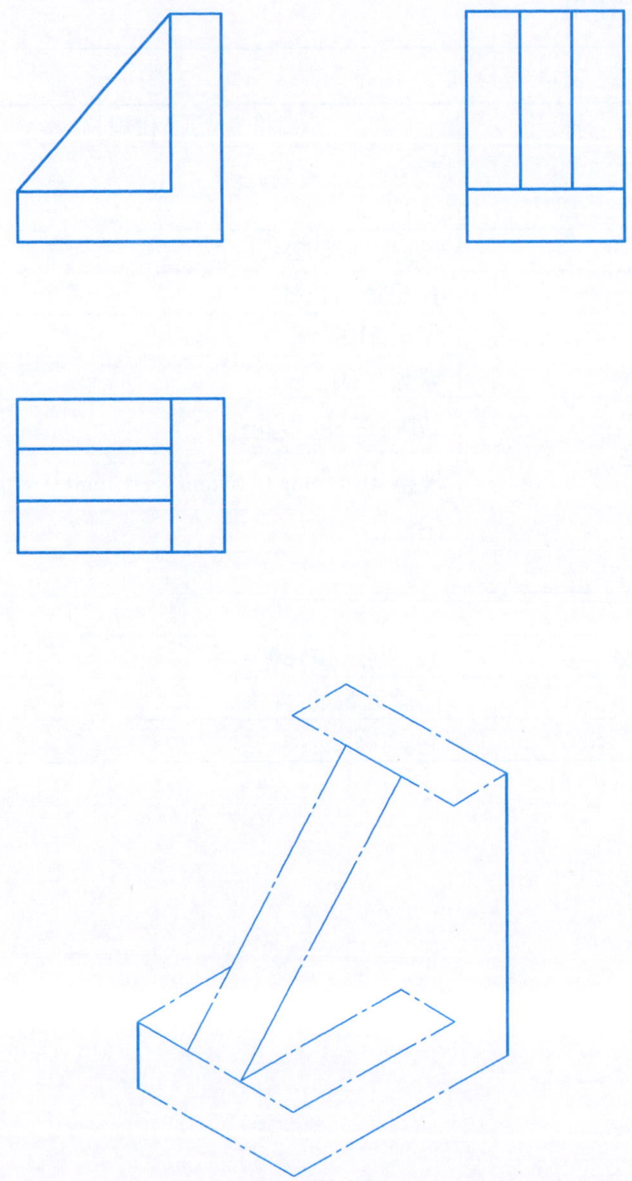

姓 名		班 级		学 号		成 绩		其 他	

1.2 国家制图标准的有关规定(要求:熟悉制图标准,按照国家制图标准中的规定进行绘制。注意图线的线宽和线型、图纸的布局、图纸中的图框、标题栏、会签栏等的绘制)

3. 下图绘图比例为 1:5,请为其标注尺寸。

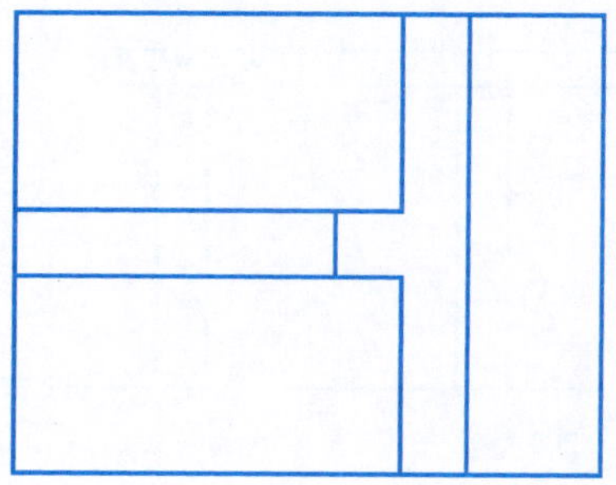

5. 在图中量取尺寸并标注。

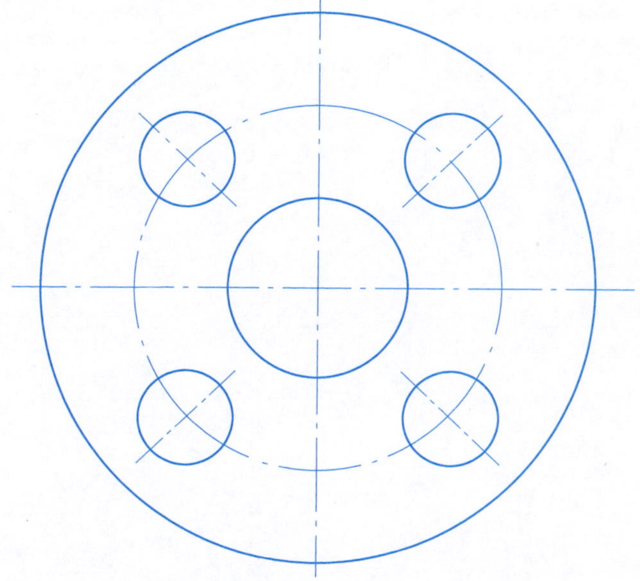

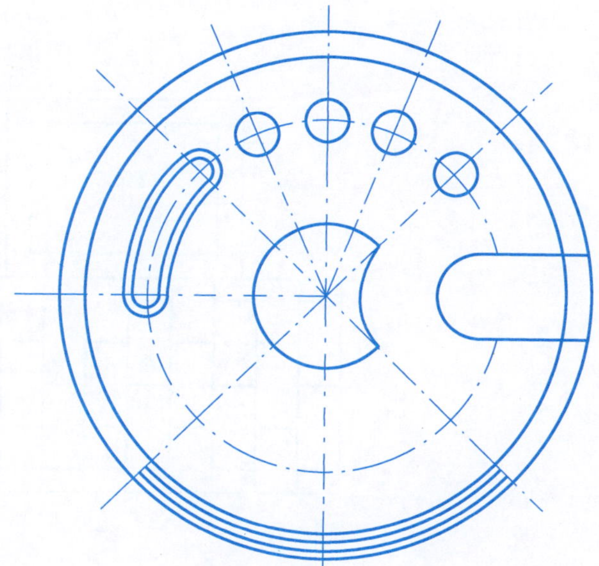

4. 请参照比例尺为下图标注尺寸。

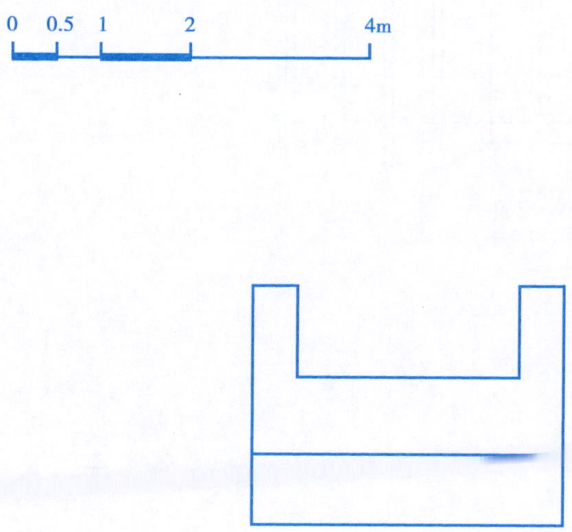

6. 在图中量取尺寸并标注各顶点间的弧长、角度、线性尺寸。

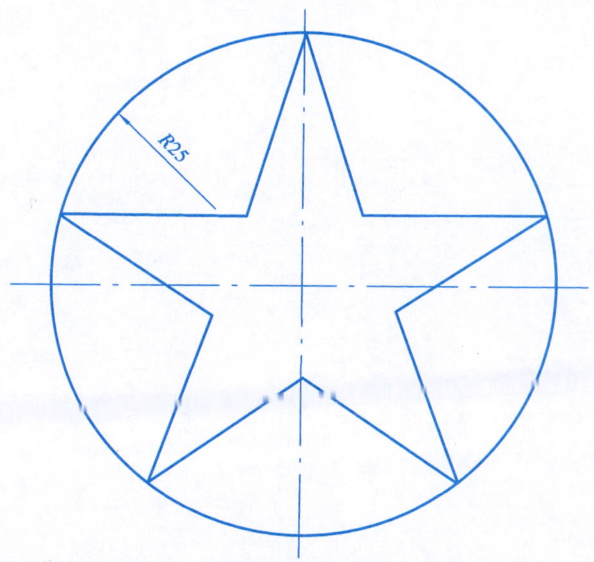

7. 标注桁架尺寸。

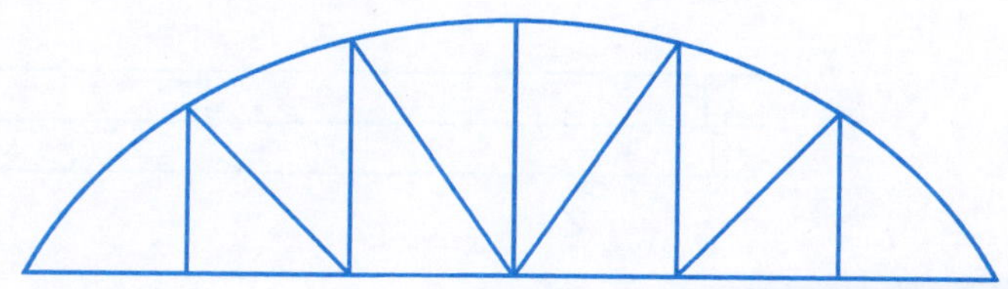

姓　名		班　级		学　号		成　绩		其　他	

1.2　国家制图标准的有关规定(要求:熟悉制图标准,按照国家制图标准中的规定进行绘制。注意图线的线宽和线型、图纸的布局、图纸中的图框、标题栏、会签栏等的绘制)

8. 下图中路面铺装做法大样在本页图 12,花池选用标准图集 12J003,D1 页大样 2。请为下图添加索引。

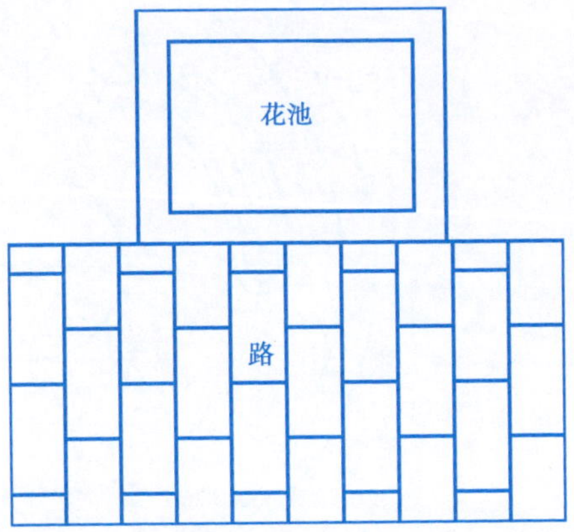

9. 下图中路面铺装构造层次依次为:素土夯实;100 厚碎石;100 厚混凝土;30 厚 1∶3 水泥砂浆;30 厚 100×200 饰面砖。请为下图添加引注。

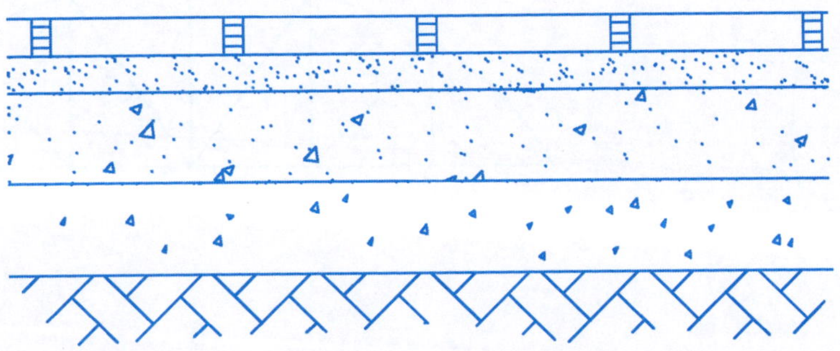

道路断面大样

10. 请为花架顶平面图和立面图添加轴线号、对称符号、标高(图中量取高度)。

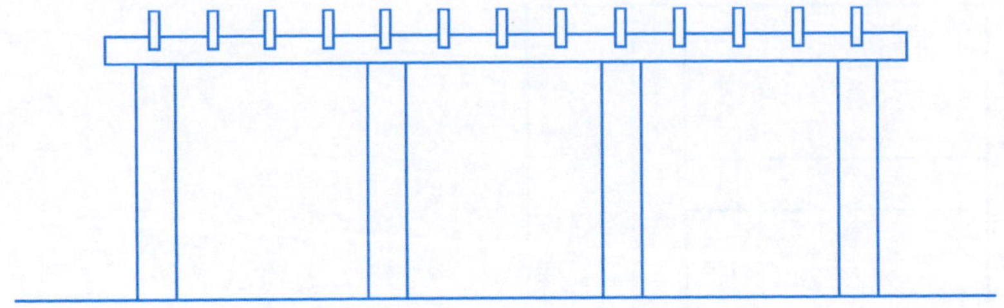

花架立面图1:200

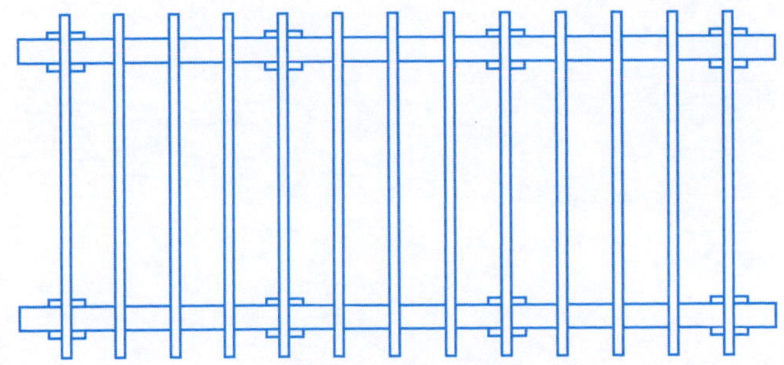

花架顶平面图1:200

姓 名		班 级		学 号		成 绩		其 他	

1.3 绘图步骤和方法

1. 用 A3 图纸(横幅)根据所给图样抄绘下图。

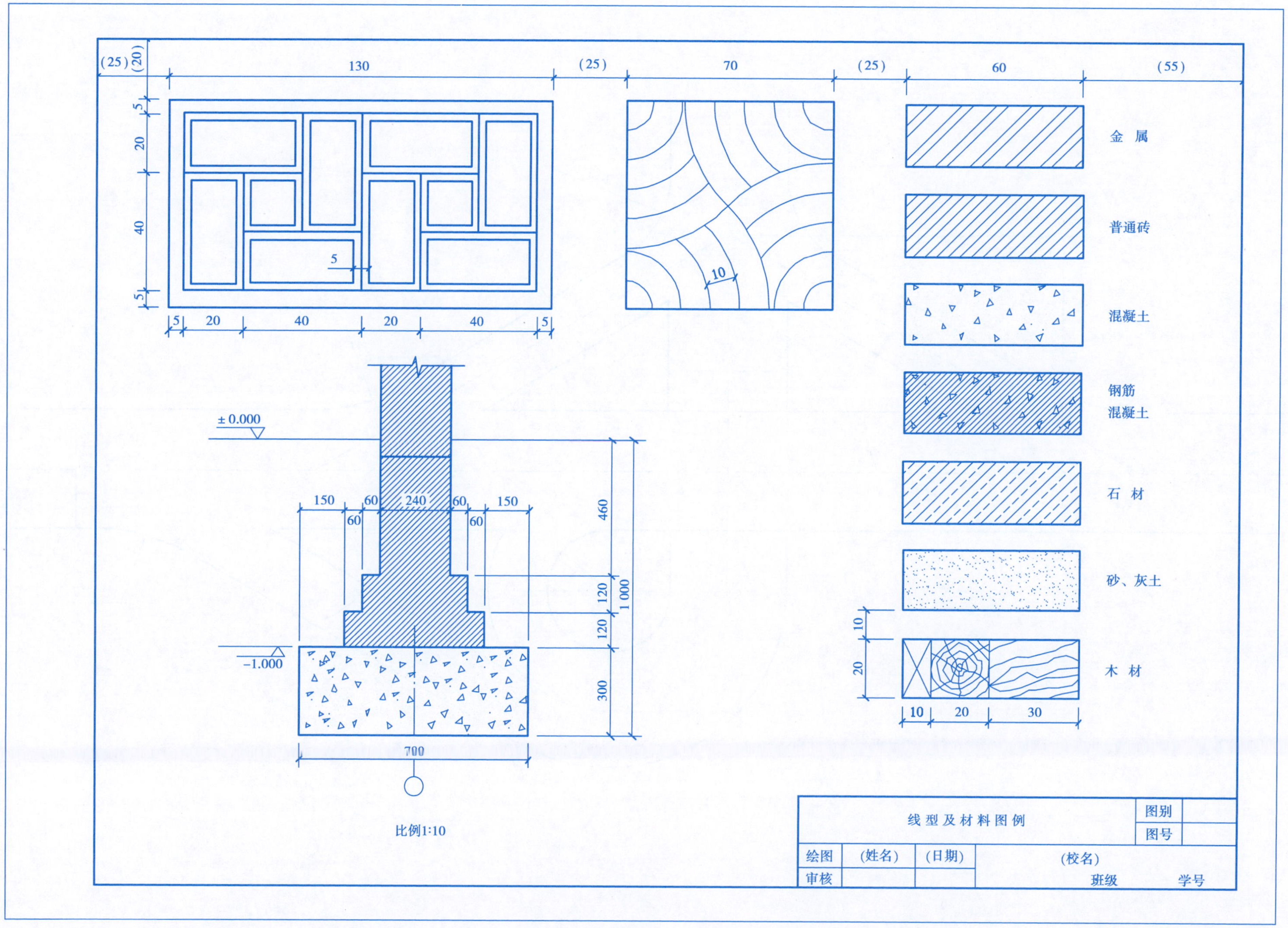

姓 名		班 级		学 号		成 绩		其 他	

1.3 绘图步骤和方法

2. 用 A3 幅面抄绘所给图样，要求作图准确、等分均匀、线型分明。

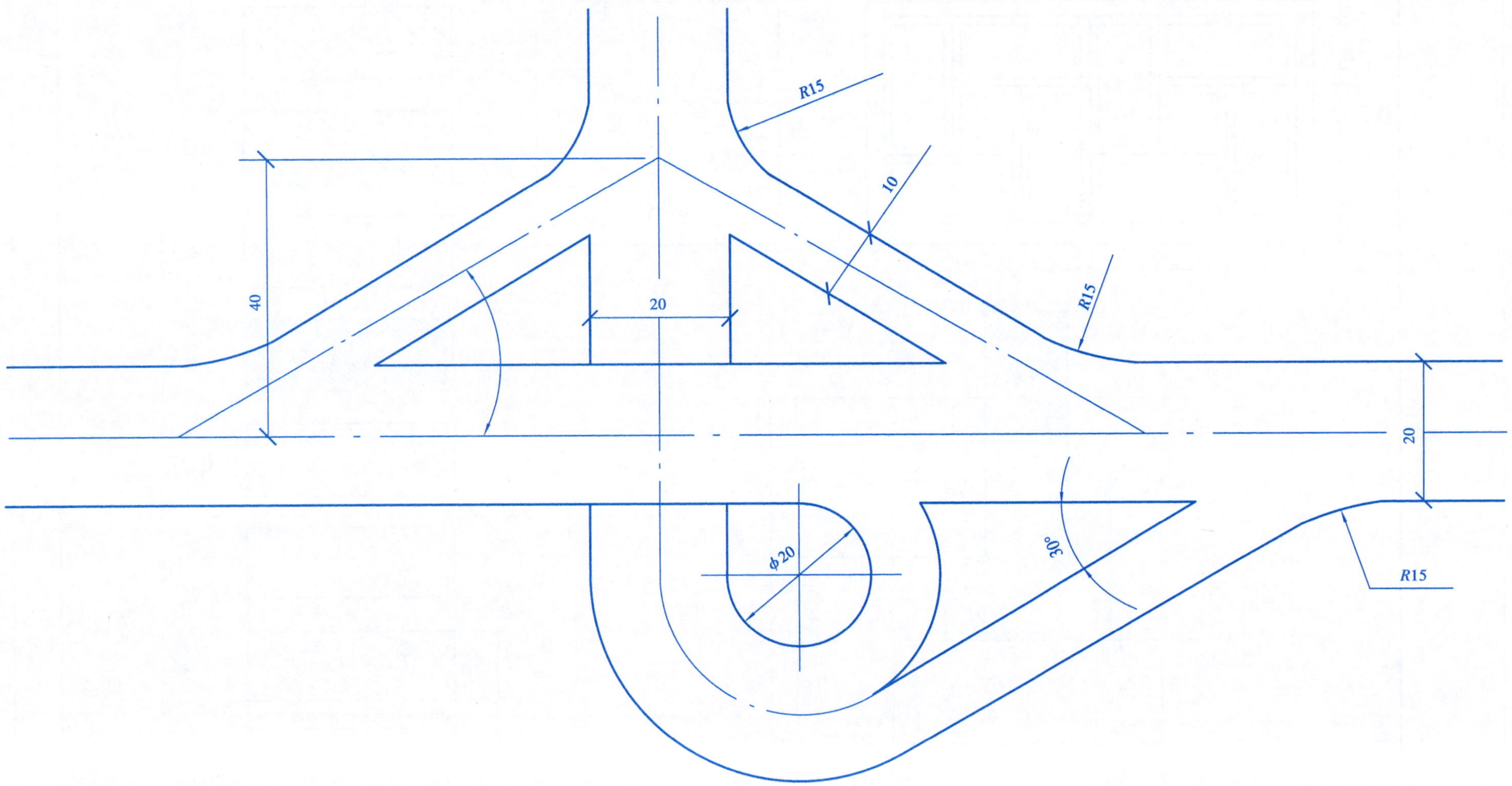

姓 名		班 级		学 号		成 绩		其 他	

实训 1　图形抄绘

请在 A2 绘图纸上绘制下图。

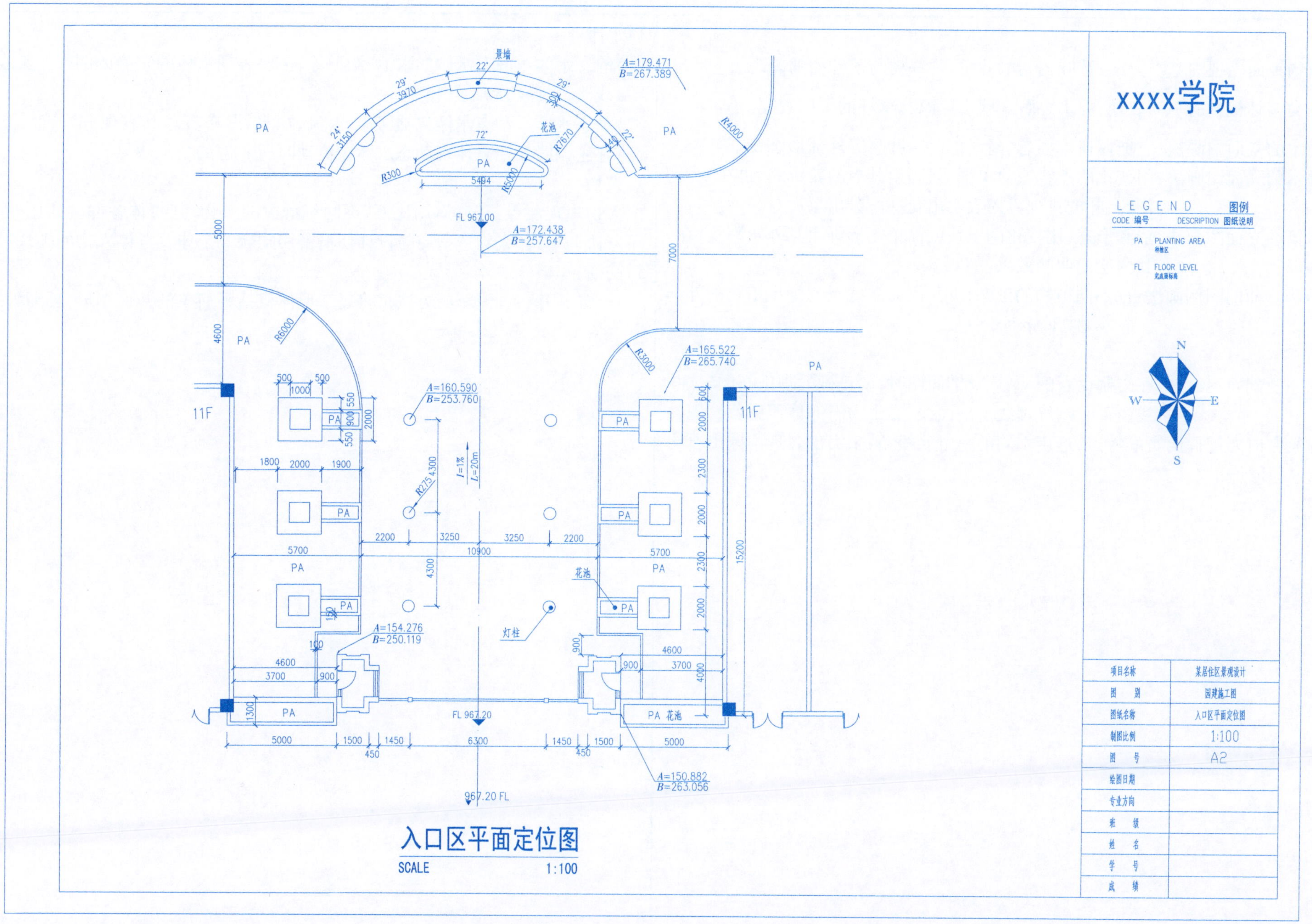

2 园林素材表现

本章导读 植物、山石、水体、园路、人物等是构成园林景观的重要要素。本章是学习园林设计图绘制的入门训练，是绘制园林设计图、效果图的基础。强调徒手绘画，线条流畅，作图准确。学习本章时要多读、多看、多临摹优秀作品，这样徒手绘图的技能才会有较大的提高。

中心内容

1）植物的表现

植物的平面画法：
- 植物平面表现的基本方法：针叶树与阔叶树、常绿树与落叶树的表现。
- 各类园林植物的平面表现：乔木、灌木、藤木、绿篱、草坪的平面表现。

植物的立面画法：
- 树木的立面图画法：应把握树木姿态、高矮、分枝、叶丛等外部形态特征。
- 灌木的立面图画法：用变化的点线或简单图形，画出其冠的轮廓线，再在线内依花、叶的排列方向表示出花、叶，分出层次。
- 绿篱的立面图画法：依其形态，用变化的点线或简单图形画出其外轮廓线，在其内绘出明暗效果。
- 植物立面的图例画法：据不同植物的形态特征，用简单线条勾勒出植物的外部轮廓、枝干及主要分枝。

2）山石的画法
- 山石的平面图、立面图及剖面图绘制：在绘制山石的平、立及剖面图时，要正确处理山石的轮廓线、石面线、纹理线及剖面线，突出山石的体积感及纹理。
- 常用山石的绘制：在绘制时要把握山石的特点，运用不同的笔触和线条，来突出表现不同山石的形状、质地和纹理。

3）水体

（1）静态水体　静态水体如水池、湖泊等，主要表现水体的宁静或倒影。其表现方法有线条法、等深线法、平涂法和添景物法等。

（2）动态水体　动态水体包括河流、溪流、跌水、瀑布等。其表现方法有线条法、留白法、光影法等。在绘制时要注意体现动态水体在流动时所产生的视觉效果。

4）人物

人物表现要点：正确运用比例，不同年龄段的人物，其身体各部分的比例不同。色彩应与画面色彩协调一致，人物造型应与设计环境密切配合。个体及群体人物的画法。

5）交通工具

汽车的画法：画汽车的方法是将复杂形体概括为简单的几何图形，逐渐入细还原的方法。

姓　名		班　级		学　号		成　绩		其　他	

2.1　线条基础

1. 参照下图反复进行线条练习。

2. 参照下图反复练习，体会形体透视关系。

姓　名		班　级		学　号		成　绩		其　他	

2.2　园林植物

1. 抄绘下列植物平面图例，能背 10 种以上图例。

2. 抄绘下列植物组团平面图例，体会植物大小、位置关系。

姓　名		班　级		学　号		成　绩		其　他	

2.2　园林植物

3. 抄绘下列植物立面图案，掌握立面配景图案化的表达方式。

姓　名		班　级		学　号		成　绩		其　他	

2.2　园林植物

4. 抄绘乔灌木图例，重点表达乔木形体特征。

姓 名		班 级		学 号		成 绩		其 他	
2.2 园林植物									
5. 抄绘乔木图例，掌握各类乔木树形、叶形的表达。									

姓 名		班 级		学 号		成 绩		其 他	

2.2 园林植物

6. 抄绘灌木花卉图例，关注植物特征和细节。

姓 名		班 级		学 号		成 绩		其 他	

2.2 园林植物

7. 抄绘剖面图，注意前后植物的表达和天际轮廓线的节奏韵律。

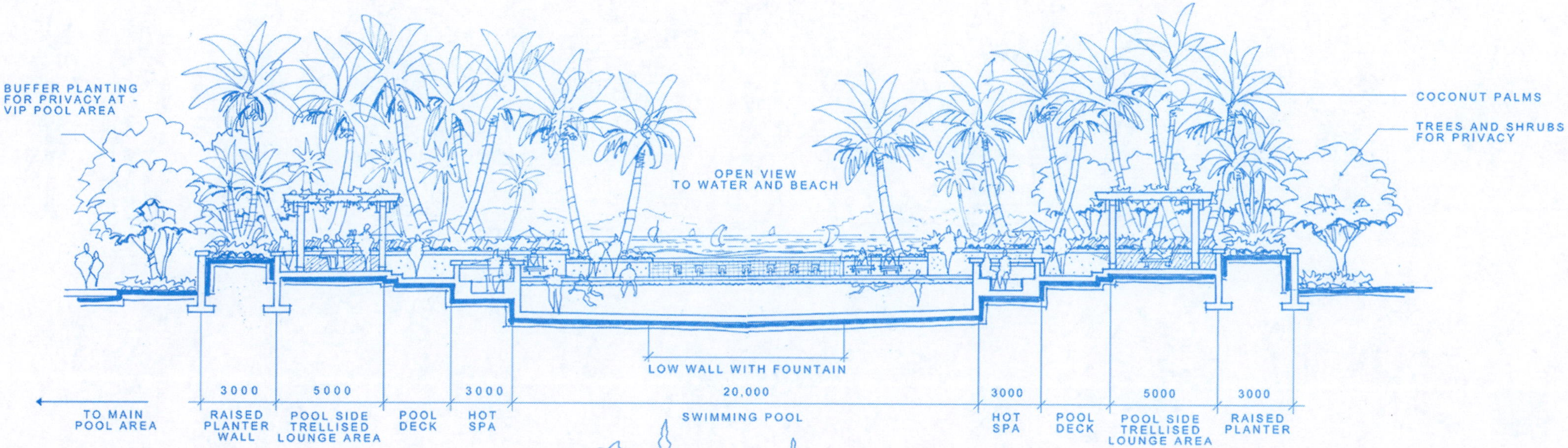

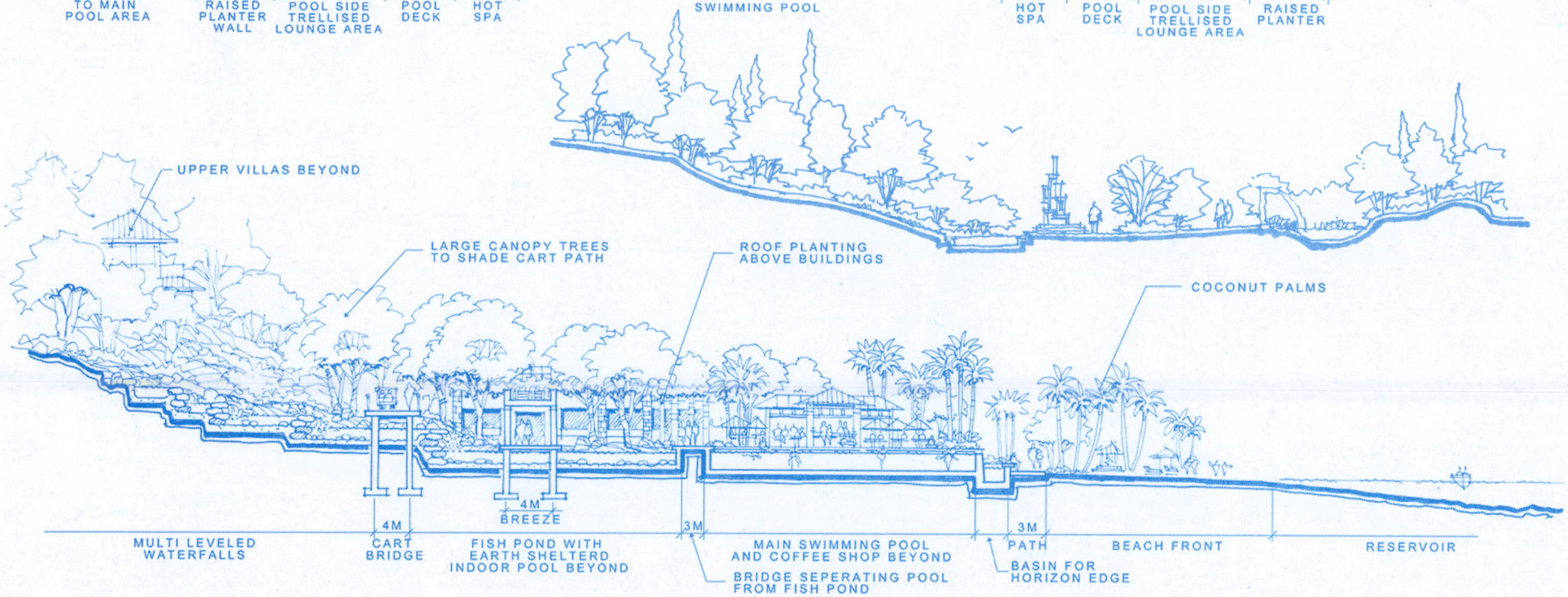

姓 名		班 级		学 号		成 绩		其 他	

2.3 人物、山石、水景、交通工具

1. 抄绘下列人物图例，观察人体比例，注意动态人物的重心。

姓　名		班　级		学　号		成　绩		其　他	

2.3　人物、山石、水景、交通工具

2. 抄绘石墙和路面，观察石材质感与肌理。

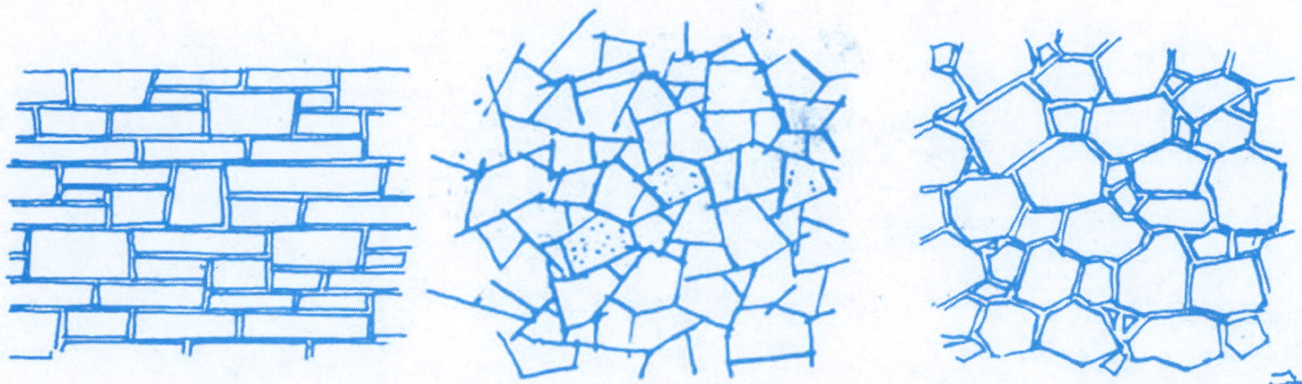

石面的各种粗细质感和纹理的表现

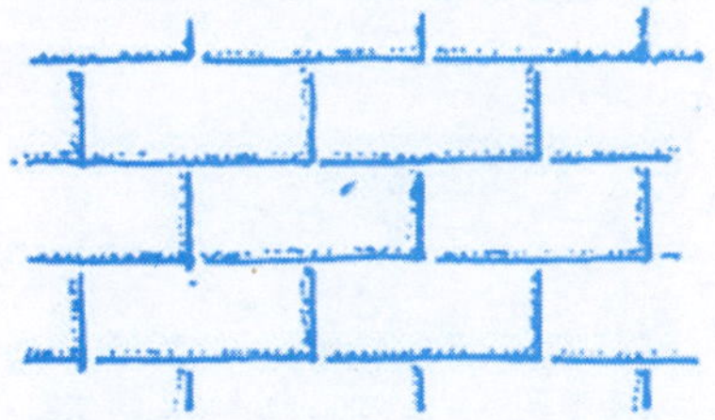

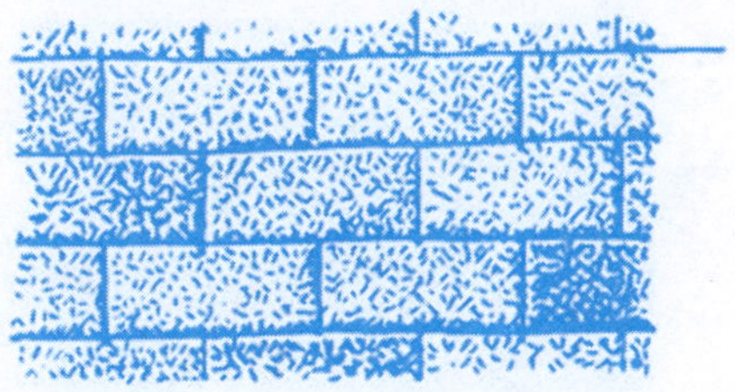

细面　　毛面

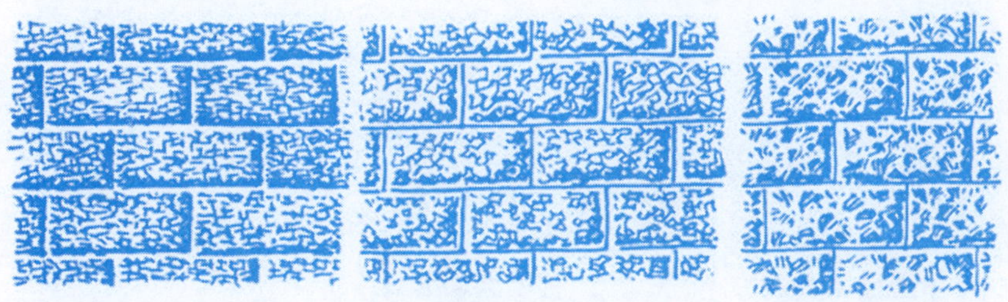

粗面　　粗面(较粗)　　粗面(极粗)

石块表面带有凿痕，纹理方向不尽相同

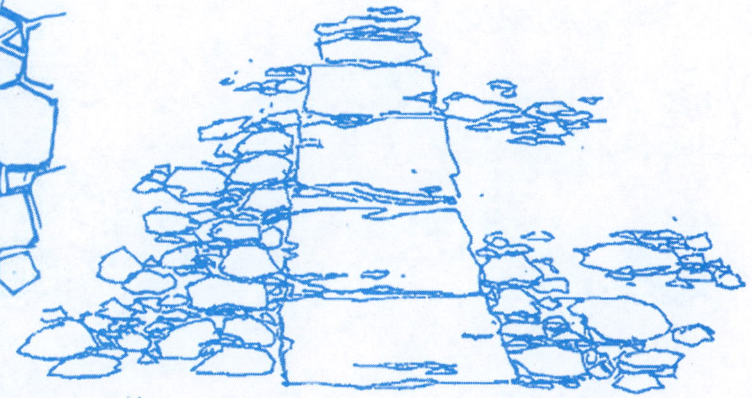

姓 名		班 级		学 号		成 绩		其 他	

2.3 人物、山石、水景、交通工具

3. 抄绘山石景，观察石材体感和组合形态。

姓　名		班　级		学　号		成　绩		其　他	

2.3　人物、山石、水景、交通工具

4. 抄绘水景，观察绘制静态水和动态水线条的变化，通过光影关系表达水。

姓　名		班　级		学　号		成　绩		其　他	

2.3　人物、山石、水景、交通工具

5. 抄绘车，注意透视关系、比例、金属和玻璃质感的表达。

姓 名		班 级		学 号		成 绩		其 他	

2.4 综合训练

1. 抄绘小景图。

姓 名		班 级		学 号		成 绩		其 他	

2.4 综合训练

2. 抄绘小景图。

姓　名		班　级		学　号		成　绩		其　他	

2.4　综合训练

3. 抄绘小景图。

姓 名		班 级		学 号		成 绩		其 他	

2.4 综合训练

4. 抄绘小景图。

姓　名		班　级		学　号		成　绩		其　他	

2.4　综合训练

5. 抄绘小景图。

姓 名		班 级		学 号		成 绩		其 他	

2.4 综合训练

6. 抄绘小景图。

姓　名		班　级		学　号		成　绩		其　他	

实训 2　园林要素的表现

1. 目的：将素材的表现形式与专业实践相结合，掌握园林各要素的表达方法。
2. 仪器：图板、丁字尺、三角板、铅笔、圆规、绘图钢笔、工具刀、擦图器、橡皮擦、毛刷、皮尺、3 号图纸。
3. 实训任务：以校园里的花园或某景区的一部分为对象，自己确定图幅、比例、图面布局，依据花园实际现状，进行测量，绘制花园或景区的平面和立面图。注意线型的正确使用。
4. 实训要求：

①用 3 号图纸分别绘制花园或景区的平立面图。

②图面整洁，布图合理。

③各要素表达正确，位置准确。

3 投影原理

本章导读 本章是园林制图与识图的基础理论部分。要求学生重点掌握投影的基本概念、三面投影体系建立的原理和投影方法，掌握点、线、面、体在三投影面体系中的投影。

中心内容

1）基本概念

投影法：利用投射线使物体在指定面上产生图像的方法就是投影法。

投影中心：将光源抽象为一点 S，称为投影中心。

投影线：投影中心与物体上各点（A，B，C）的投影连线称为投影线，也叫投射线。

投影面：接受投影的面称为投影面。

2）投影法的种类

- 投影
  - 平行投影：用相互平行的投射线，在投影面上作出物体投影图形的方法
    - 斜投影：投射线倾斜于投影面。
    - 正投影：投射线垂直于投影面。
  - 中心投影：投射线都从投影中心出发，在投影面上作出物体投影图形的方法。

3）正投影的特性

- 正投影的特性
  - 真实性：平行于投影面的直线或平面图形，在该投影面上的投影反映线段的实长或平面图形的实形。
  - 积聚性：当直线或平面图形垂直于投影面时，它们在该投影面上的投影积聚成一点或一直线。
  - 类似性：当直线倾斜于投影面时，直线的投影仍为直线，不反映实长；当平面图形倾斜于投影面时，在该投影面上的投影为原图形的类似形。

4）点的投影

（1）点在三投影面体系中的投影

将空间点 A 置于三投影面体系中，由 A 分别向 V，H，W 3 个投影面作正投影，即分别过点 A 作 3 个投影面的垂线，与 3 个投影面的交点为 A 点的 3 个投影。将三投影面展开，即可得点 A 的三视图。

（2）两点的相对位置关系

正视图反映物体的左右、上下关系；

俯视图反映物体的左右、前后关系；

左视图反映物体的上下、前后关系。

（3）重影点可见性的判别

正面投影——前遮后；

水平投影——上遮下；

侧面投影——左遮右。

5）直线的投影

（1）根据直线对投影面的相对位置的不同，直线分为 3 类：投影面平行线、投影面垂直线、一般位置直线。

（2）直线上点的投影特性

从属性：点在直线上，点的投影在直线的同面投影上。

定比性：点分线段之比等于点的投影分线段的投影之比。

（3）空间两直线的相对位置

- 同面直线
  - 平行
  - 相交
- 异面直线：交叉

- 直线
  - 投影面平行线（投影面平行线在所平行的投影面上的投影反映实长；其他两投影平行于相应的投影轴。）
    - 正平线：$/\!/V$，对 H，W 面倾斜
    - 水平线：$/\!/H$，对 V，W 面倾斜
    - 侧平线：$/\!/W$，对 H，V 面倾斜
  - 投影面垂直线（投影面垂直线在所垂直的投影面上积聚为一点；其他两投影垂直于相应的投影轴，反映实长）
    - 正垂线：$\perp V$ 面，$/\!/H$ 面，$/\!/W$ 面
    - 铅垂线：$\perp H$ 面，$/\!/V$ 面，$/\!/W$ 面
    - 侧垂线：$\perp W$ 面，$/\!/H$ 面，$/\!/V$ 面
  - 一般位置直线：对 3 个投影面都处于倾斜位置。各投影均不反映实长。

6）曲线投影

（1）曲线的分类

平面曲线——曲线上所有的点都在同一平面上，如圆锥曲线等。

空间曲线——曲线上任意连续 4 个点不在同一平面上，如螺旋线等。

（2）曲线的投影特性

①曲线的投影一般仍为曲线；

②曲线上点的投影必定在曲线的同面投影上；

③曲线的切线，其投影仍与曲线的投影相切，而且切点的投影仍为投影的切点；

④当平面曲线所在的平面平行于某投影面时，它在该投影面上的投影反映实形；

⑤当平面曲线所在的平面垂直于某投影面时，它在该投影面上的投影积聚为一直线段；

⑥平面曲线上某些奇异点投影后仍保持原有性质，即拐点、尖点及两重点投影后仍为拐点、尖点及两重点。

中心内容

(3)螺旋线

①圆柱螺旋线:一点沿圆柱面直母线作等速直线运动,同时该母线又绕圆柱面轴线作等速回转运动,则该点在空间的运动轨迹即为圆柱螺旋线。

圆柱螺旋线的三要素:圆柱的直径 d、导程 P_h、旋向。

②圆锥螺旋线:一点沿圆锥面直母线作等速直线运动,同时该母线又绕圆锥面轴线作等速回转运动,则该点在空间的运动轨迹即为圆锥螺旋线。

7)面的投影

平面

- 投影面平行面
  - 正平面:$/\!/V,\perp H,\perp W$
  - 水平面:$/\!/H,\perp V,\perp W$
  - 侧平面:$/\!/W,\perp H,\perp V$
  - 平面在所平行的投影面上的投影反映实形。(实形性)平面在另外两个投影面上的投影均积聚成直线,且平行于相应的投影轴。(积聚性)
- 投影面垂直面
  - 正垂面:$\perp V$,对 H,W 面倾斜
  - 铅垂面:$\perp H$,对 V,W 面倾斜
  - 侧垂面:$\perp W$,对 H,V 面倾斜
  - 平面在所垂直的投影面上的投影积聚为直线,与投影轴的夹角分别反映平面对另两个投影面的真实倾角。(积聚性)在另外两个投影面上的投影均为缩小的平面图形。(类似性)
- 一般位置平面:对 V,H,W 面都倾斜。

(1)直线与平面的相对位置

①直线与平面平行:平面外的一直线若与平面上的一直线平行,则此直线与该平面相互平行。即该直线投影和该平面上某直线投影相平行。若一平面上两相交直线对应地平行于另一平面上两相交直线,则此两平面互相平行。

②直线与平面相交:直线与平面不平行就会相交,其交点是直线与平面的共有点。

(2)平面与平面的相对位置

①平面与平面平行:若平面上的两相交直线分别平行于另一平面内的两相交直线,则这两个平面相互平行。

②平面与平面相交:平面与平面相交,其交线是平面与平面的共有线。

8)曲面投影

(1)规则曲面:母线由导元素控制按照一定规律运动所形成的曲面。

不规则曲面:母线作不规则运动所形成的曲面。

(2)曲面的分类

- 按母线的形状分类,曲面可分为直线面和曲线面;
- 按母线的运动方式分类,曲面可分为移动面和回转面;
- 按母线在运动中是否变化分类,曲面可分为定母线面和变母线面;
- 按母线运动是否有规律来分类,曲面可分为规则曲面和不规则曲面;
- 按曲面是否能无皱折地摊平在一个平面上来分类,则可分为可展曲面和不可展曲面。

(3)直线回转面

①柱面:一直母线沿曲导线运动且始终平行于另一直导线而形成的曲面。

②锥面:一直母线沿曲导线运动且始终通过一定点(锥顶)而形成的曲面。

(4)曲线回转面

①球面:一圆母线绕其一条直径作回转运动,即形成球面。

②圆环面:一圆母线绕其所在平面内的一条轴线作回转运动,即形成圆环面。

(5)组合回转面

以组合线段(包括曲线和直线)为母线,绕一轴线作回转运动,即形成组合回转面。

9)组合体的投影

(1)形体分析法:在解决组合体的画图、读图和尺寸标注问题时,可将复杂的组合体分解成一些简单的基本体,从而可将解决组合体的画图、读图和尺寸标注问题转化成解决各个简单基本体的相应问题,这样,就可以化繁为简、化难为易了。这种人为分解形体的分析方法称为形体分析法。

(2)步骤:分析各组成部分的形状、各部分之间的相对位置、表面连接关系。

(3)组合体视图的阅读

①阅读组合体视图应注意的事项:熟练掌握基本体的投影;对视图中的线及线框的含义要明确;一个视图无法确定立体的形状,必须将几个视图联系起来分析。

②组合体读图的基本方法:形体分析法——“分、找、想、合”。

③组合体读图的辅助方法:线面分析法——“长对正”“高平齐”“宽相等”。

10)剖面图和断面图

(1)剖面图

①全剖面图:假想用一个剖切平面将物体全部剖开,然后画出形体的剖面图。

②阶梯剖面图:一个剖切平面,若不能将形体上需要表达的内部构造一齐表达时,可将剖切平面转折成两个互相平行的平面,将形体沿着需要表达的地方剖开,然后画出剖面图。

③局部剖面图:当物体的外形比较复杂,完全剖开后就无法表示清楚它的外形时,可以保留原投影图的大部分,而只将局部地方画成剖面图。

④半剖面图:当物体是左右对称或前后对称,而外形又比较复杂时,可以画出由半个外形正投影图和半个剖面图拼成的图形,以同时表示形体的外形和内部构造。

⑤相交剖切面的剖面图:用几个相交的剖切平面剖切,并将倾斜于基本投影面的断面旋转到平行于基本投影面后投射得到的剖面图。

(2)断面图

①用一个剖切平面将形体剖开之后,形体上的截口,即截交线所围成的平面图形,称为断面。

②断面图的画法:只将局部地方画成剖面图。

姓　名		班　级		学　号		成　绩		其　他	

3.1　三维认知

根据立体的直观图画出三面投影图(尺寸直接从图中量取)。

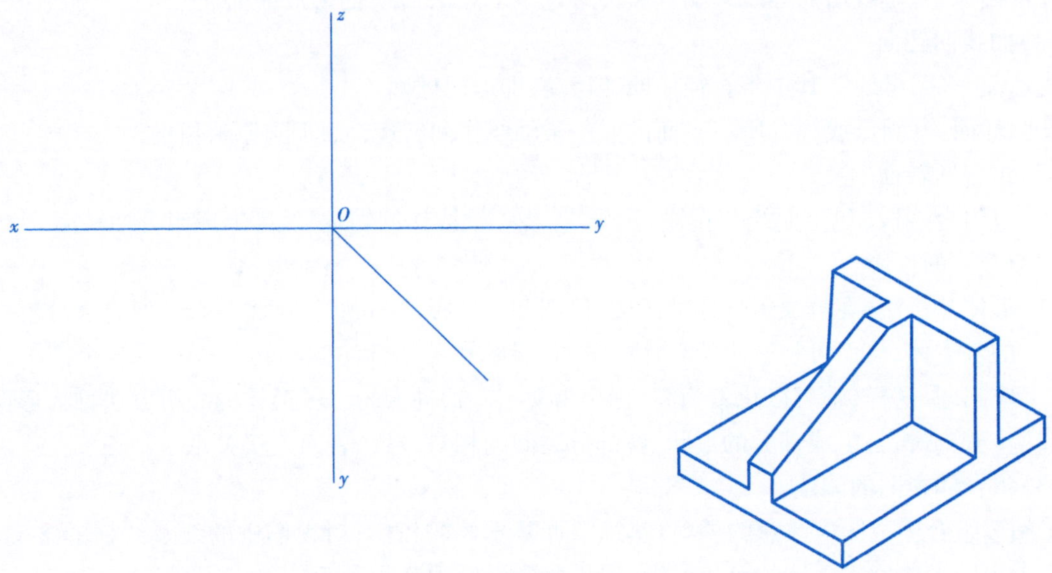

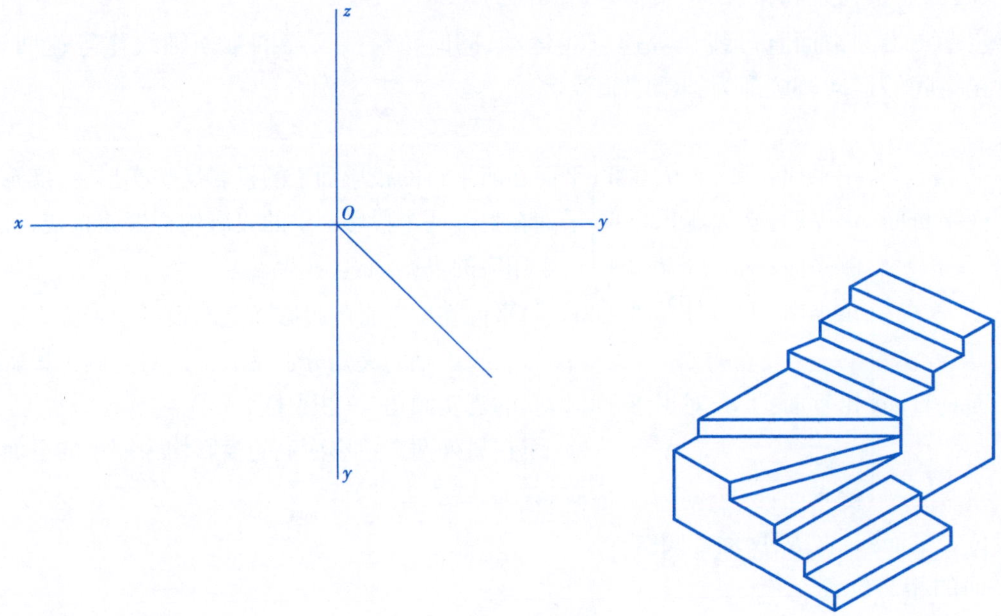

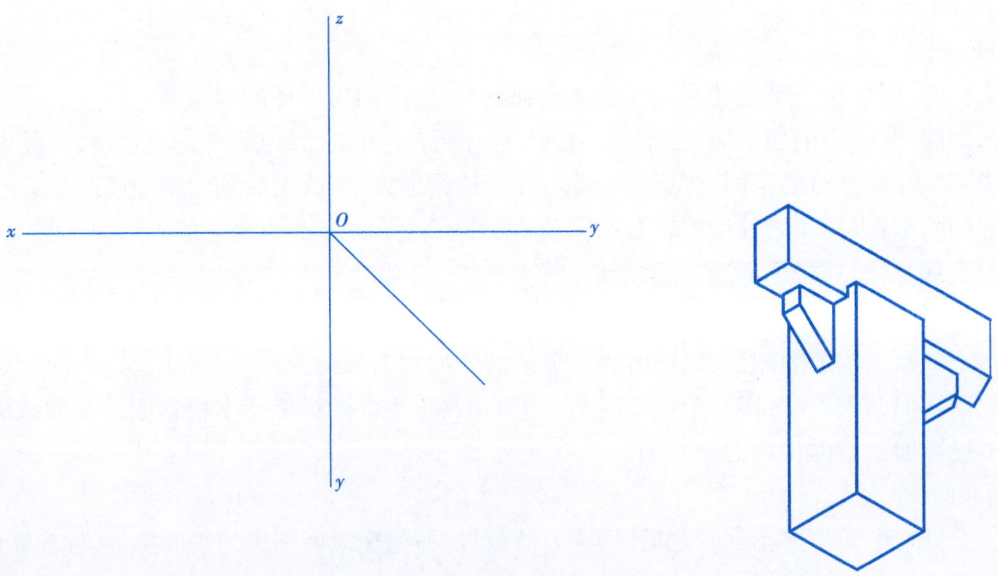

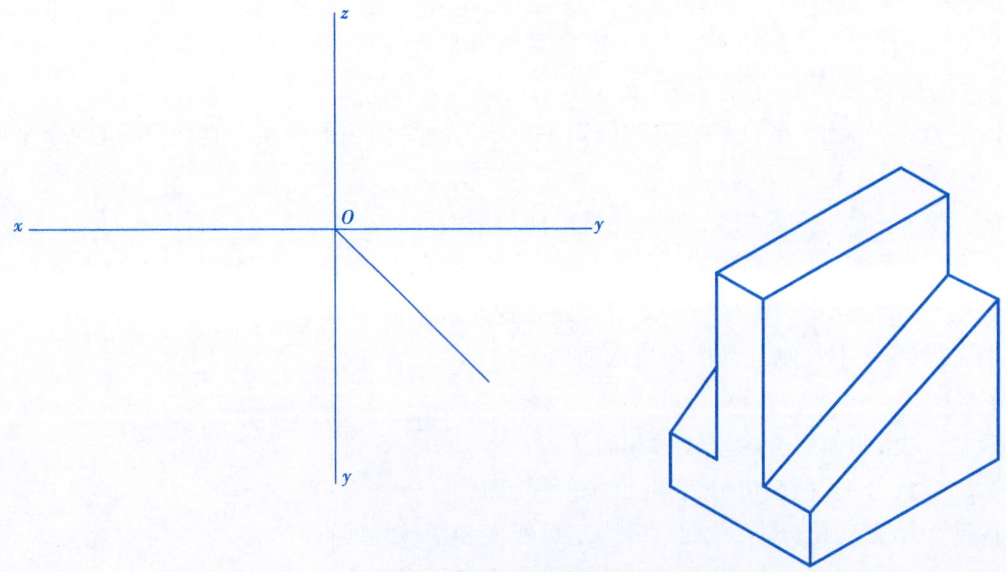

姓　名		班　级		学　号		成　绩		其　他	

3.2　点的投影(要求:掌握点的三面投影体系的建立、点的三面投影、两点的相对位置、重影点)

1. 已知各点的空间位置,试作投影图。尺寸直接从立体图上量取。

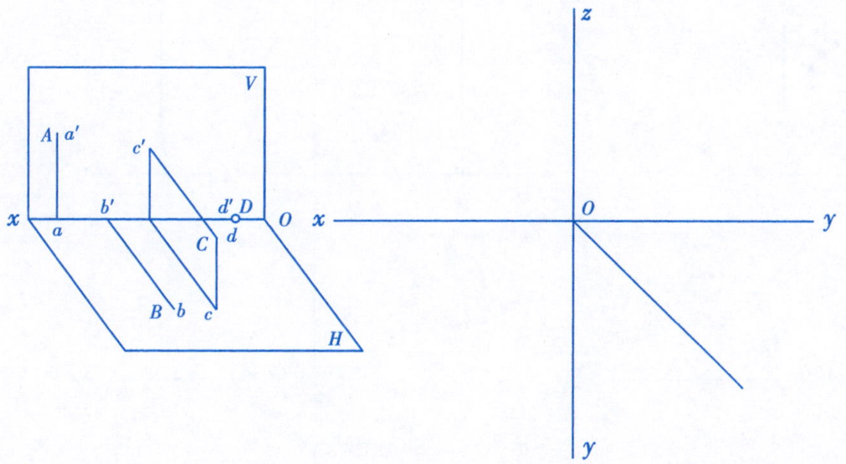

2. 已知点 A(22,12,16)、B(14,0,24)、C(0,20,0),作出各点的直观图和三面投影图。

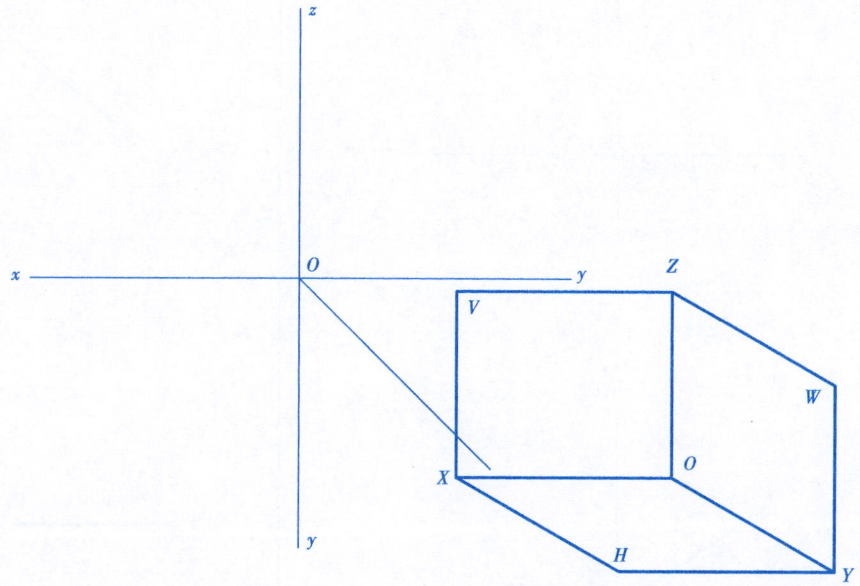

3. 求各点的未知投影。

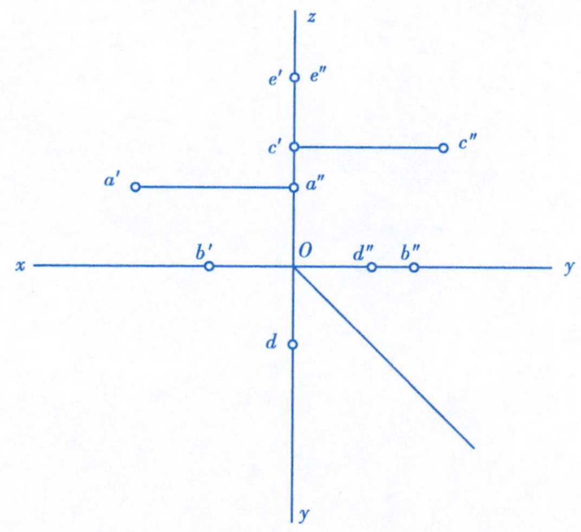

4. 已知 A 点在 H 面之上 25 mm,B 点在 V 面之前 30 mm,C 点在 W 面之左 35 mm,补全诸点的三面投影。

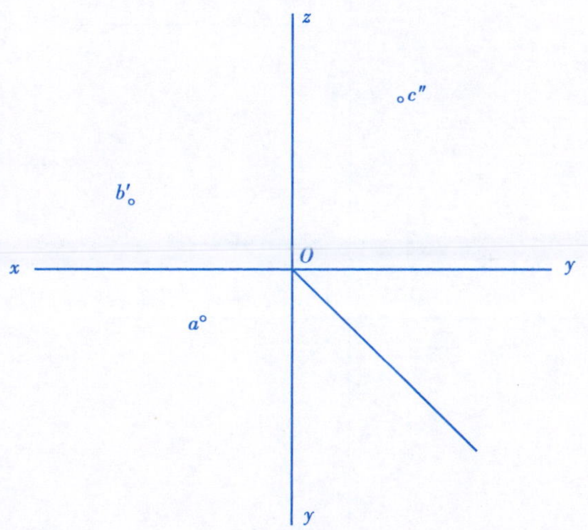

5. 判断下列各对重影点相对应位置(填空)。

(1)点 A 在点 B 的____方____ mm;

(2)点 D 在点 C 的____方____ mm;

(3)点 F 在点 E 的____方____ mm,且该两点均在________面上。

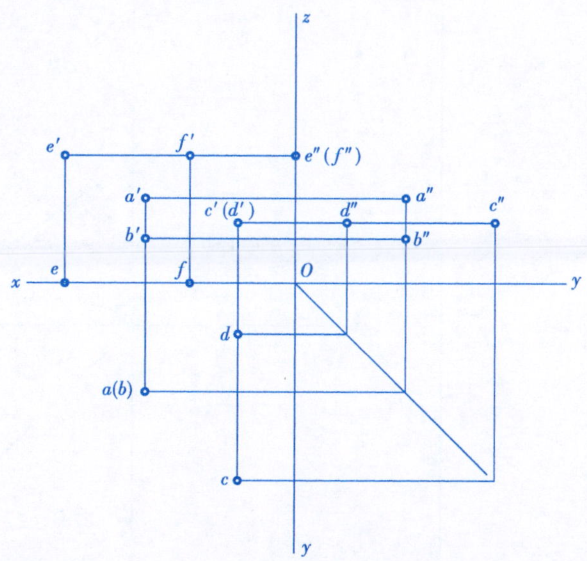

6. 已知点 A(25,15,20);点 B 距 W、V、H 面分别为 20、10、15;点 C 在点 A 之右 10、之前 15、之上 12;点 D 在点 A 之上 5、与 H、V 面等距、距 W 面 12。求作各点的三面投影并填写下表。

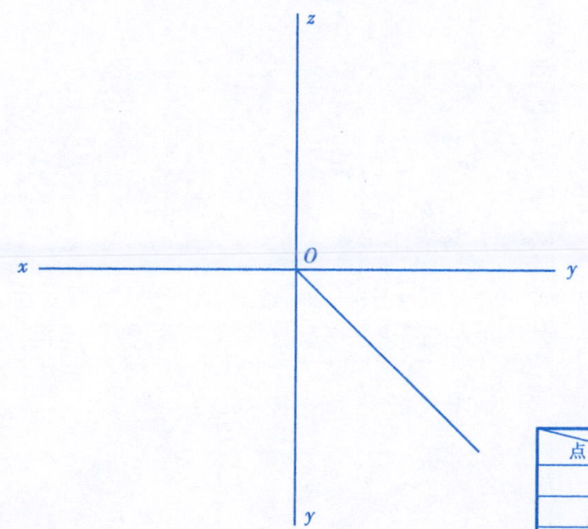

坐标/点	x	y	z
B			
C			
D			

姓 名		班 级		学 号		成 绩		其 他	

3.3 线的投影（要求：掌握直线上的点的投影特性及定比关系，判断点与直线的关系、直线与直线的相对位置）

1. 求下列各直线的第三投影。

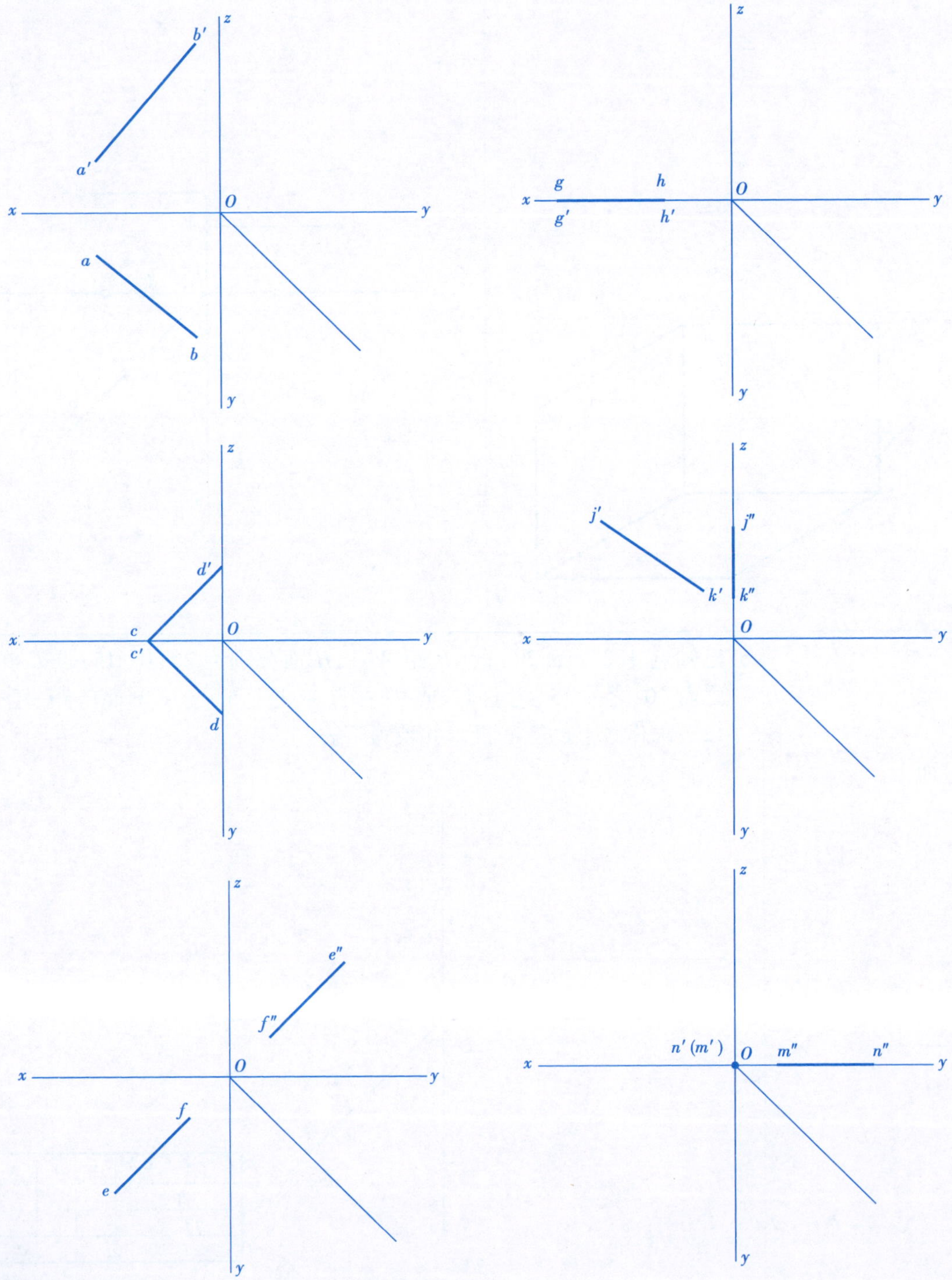

2. 求下列各直线的第三投影，并判别直线的空间位置。

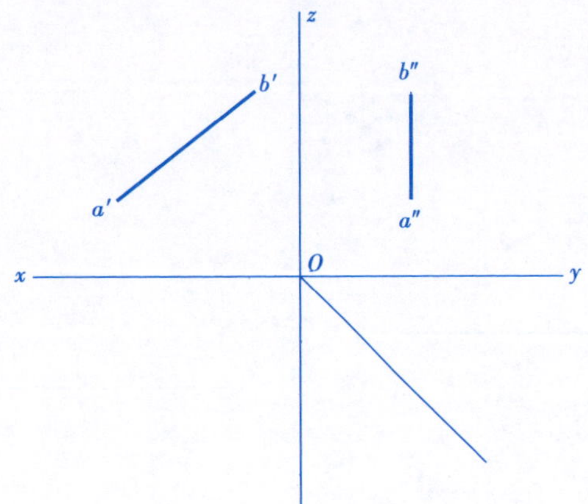

AB是________线

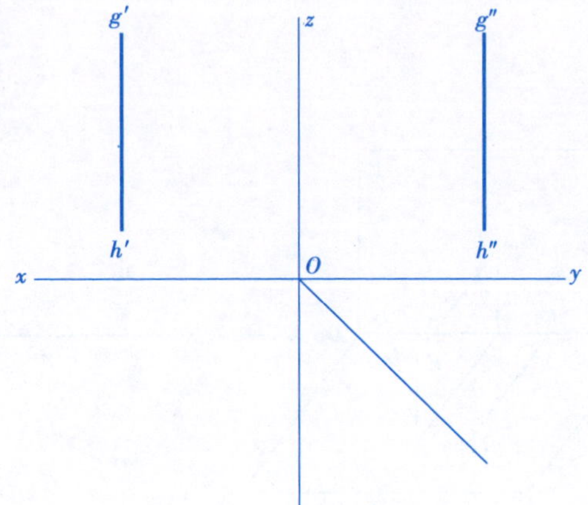

GH是________线

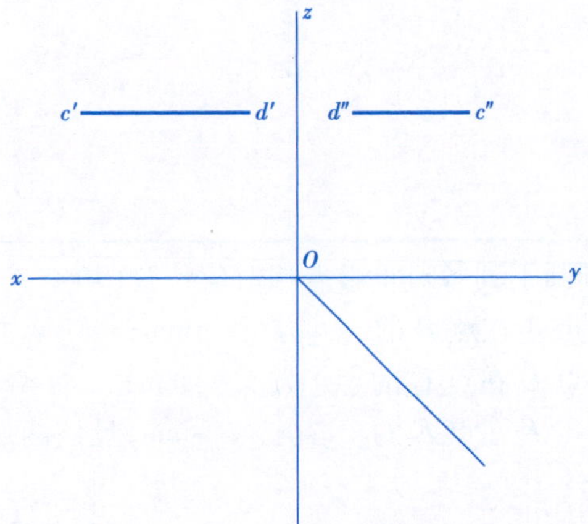

CD是________线

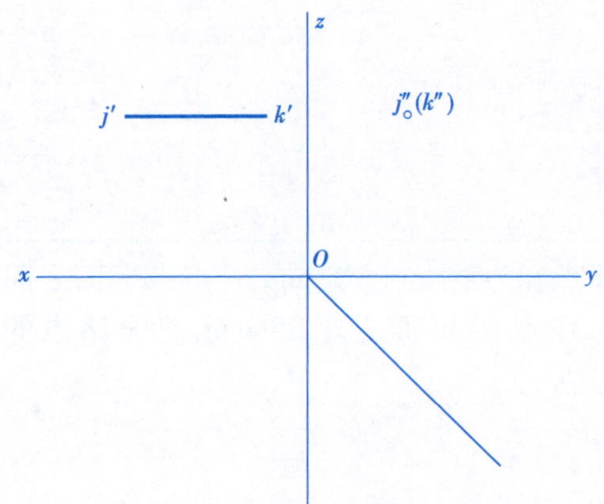

JK是________线

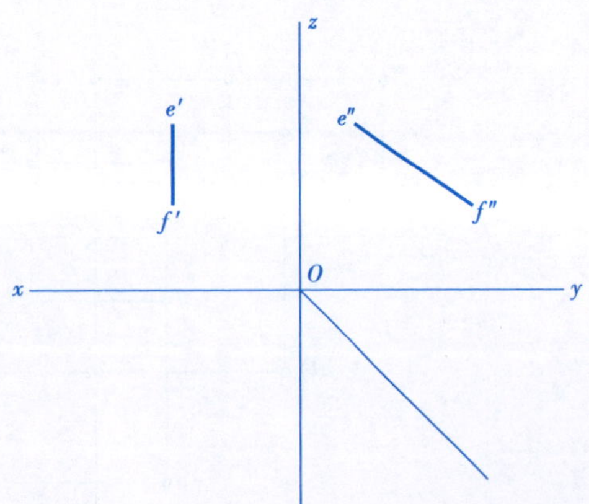

EF是________线

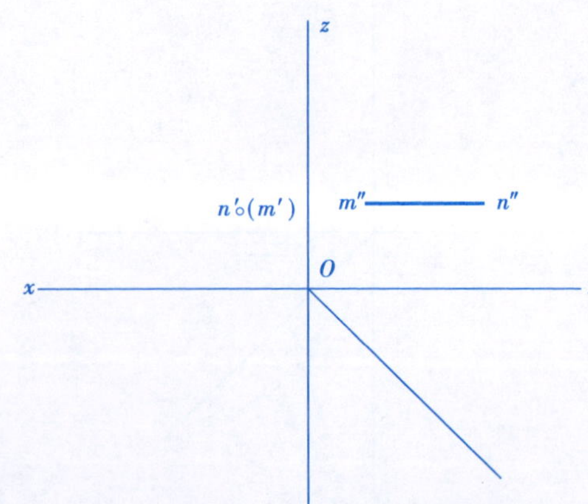

MN是________线

姓 名		班 级		学 号		成 绩		其 他	

3.3 线的投影（要求：掌握直线上的点的投影特性及定比关系，判断点与直线的关系、直线与直线的相对位置）

3. 求直线 *AB* 上点 *K* 的正面投影。

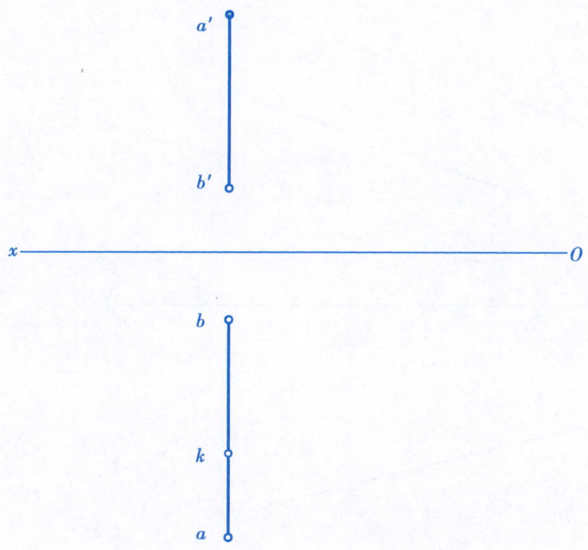

4. 已知侧平行线 *AB* 及点 *C* 的投影，试判断点 *C* 是否在直线 *AB* 上。

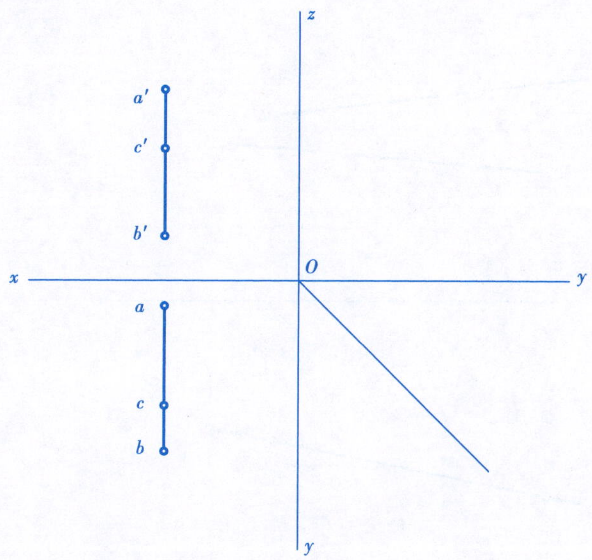

答：

5. 已知点 *M* 在直线 *CD* 上并与 *H*、*V* 面的距离相等，求作点 *M* 的投影。

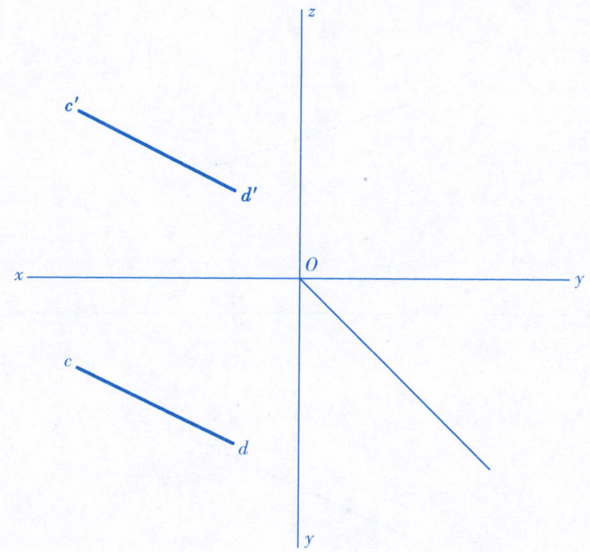

6. 标出交叉二直线上的重影点并判别可见性。

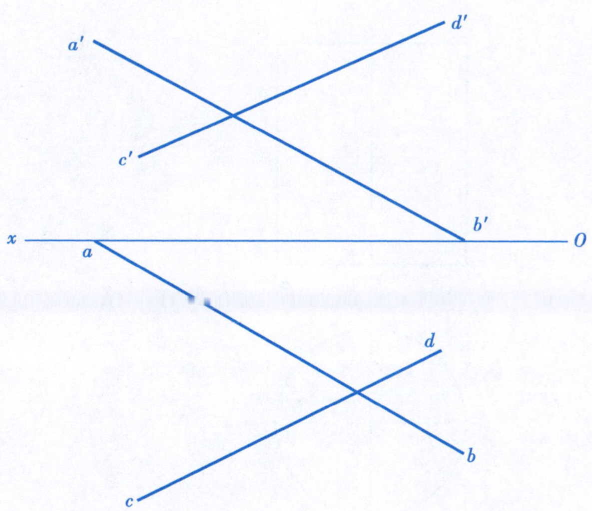

7. 作直线 *EF* 平行于 *OX* 轴并与直线 *AB*、*CD* 相交（点 *E*、*F* 分别在直线 *AB*、*CD* 上）。

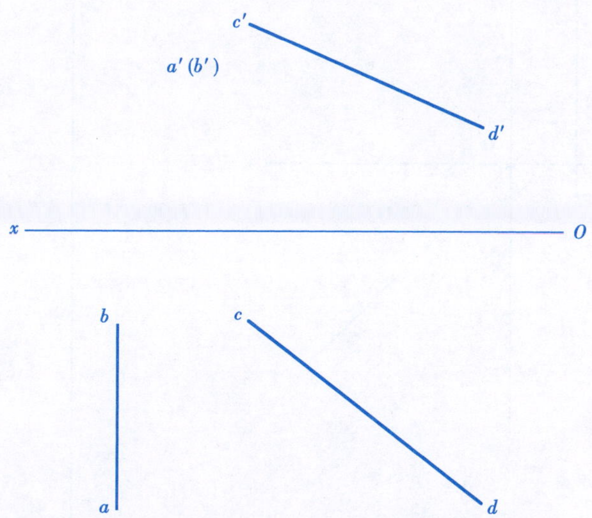

8. 作一直线 *MN*，使其与已知直线 *CD*、*EF* 相交，同时与已知直线 *AB* 平行（点 *M*、*N* 分别在直线 *CD*、*EF* 上）。

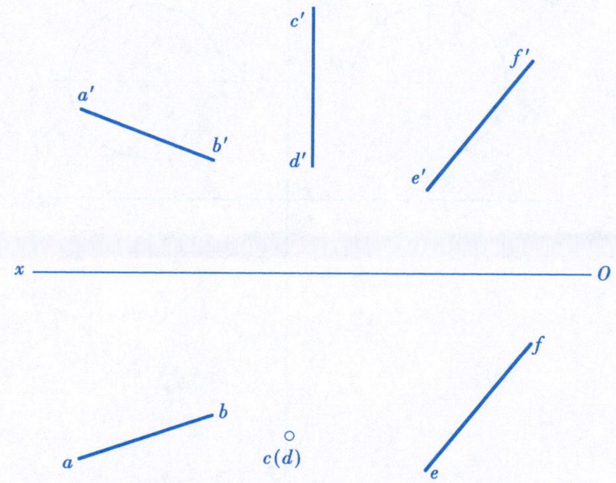

姓　名		班　级		学　号		成　绩		其　他	

3.3　线的投影（要求：掌握直线上的点的投影特性及定比关系，判断点与直线的关系、直线与直线的相对位置）

9. 判断下列两直线的相对位置（相交、平行、交叉）。

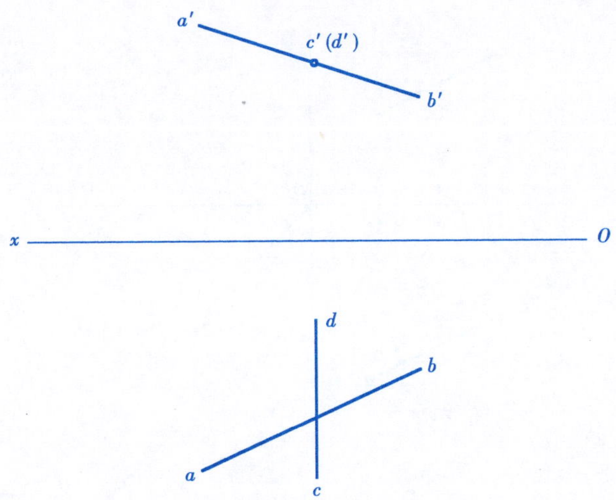

（　　　　　）

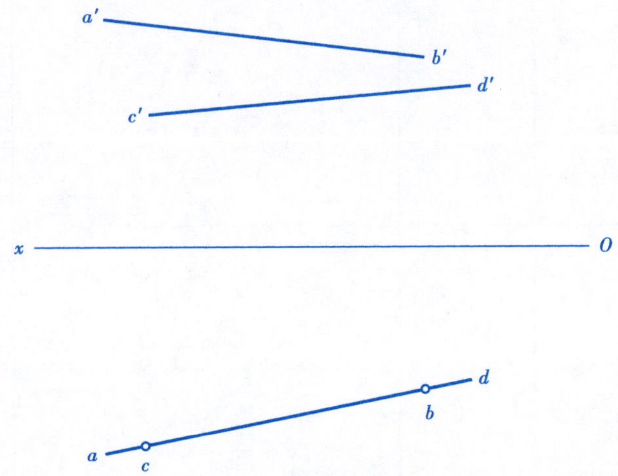

（　　　　　）

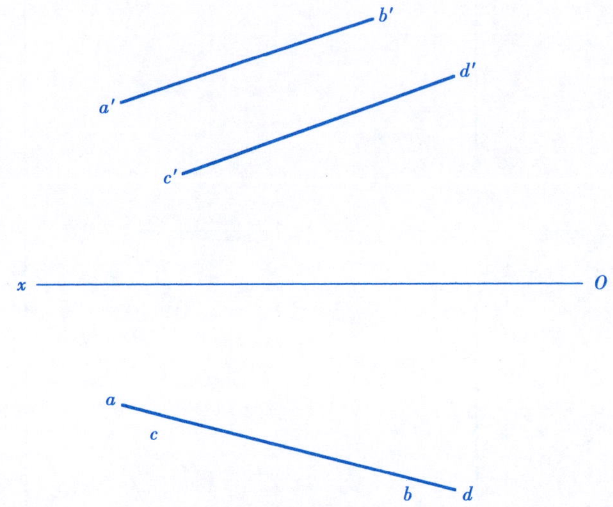

（　　　　　）

10. 求曲线的第三面投影。

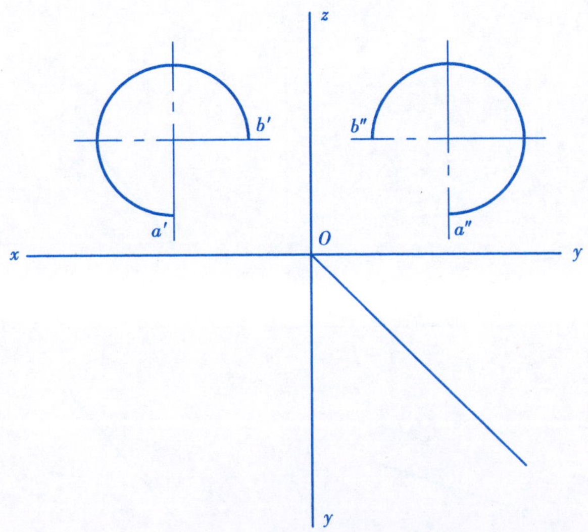

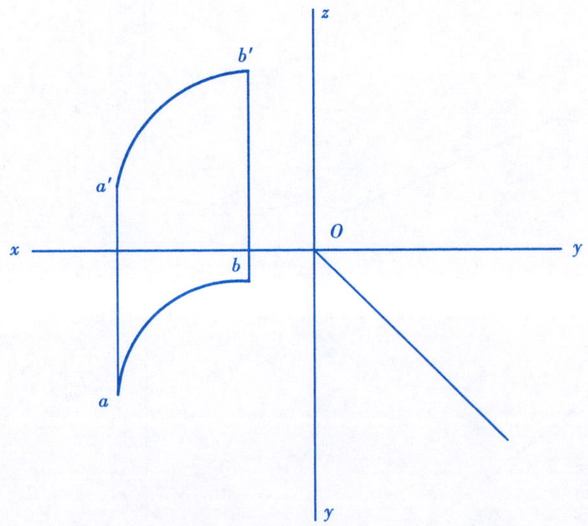

11. 在圆柱面上完成一个导程 t 的左旋螺旋线的投影。

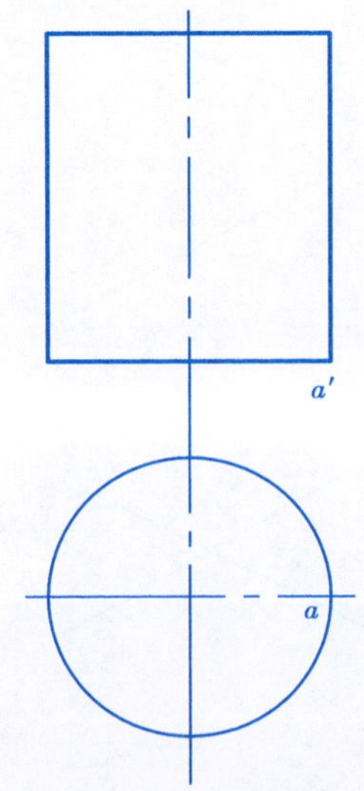

姓　名		班　级		学　号		成　绩		其　他	

3.4　面的投影(要求:掌握点的三面投影体系的建立、点的三面投影、两点的相对位置、重影点)

1. 已知平面的两面投影,求其第三面投影,并说明是什么位置的平面。

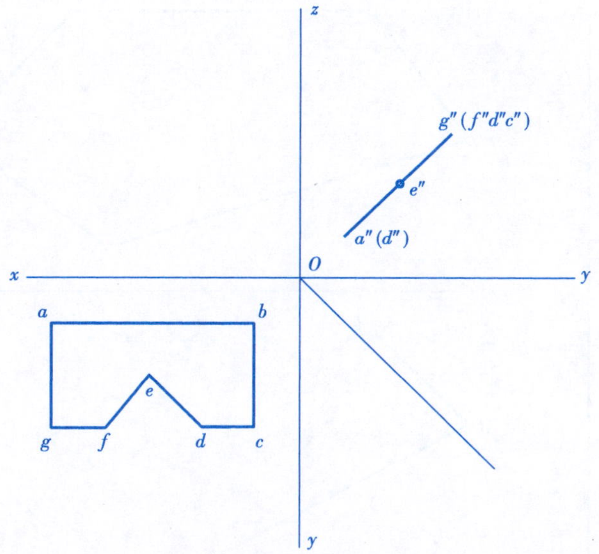

该平面是 ______ 面

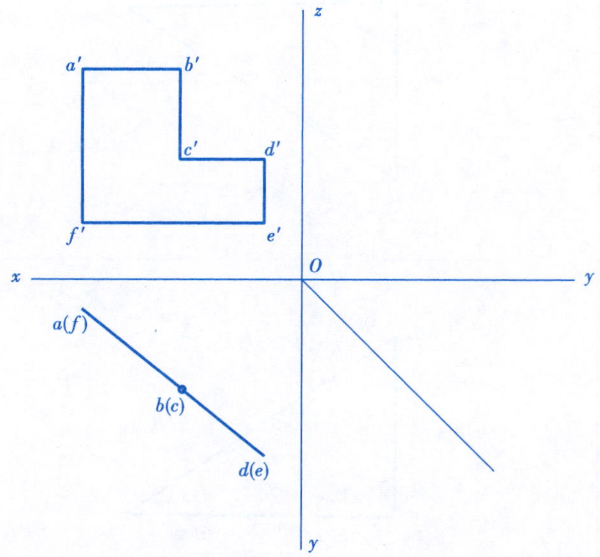

该平面是 ______ 面

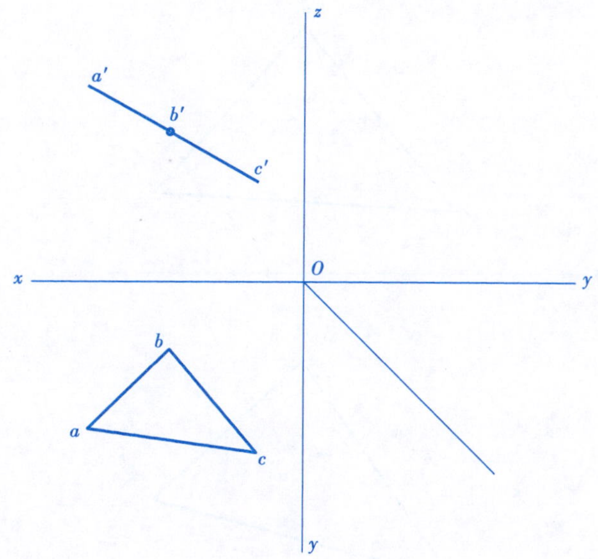

该平面是 ______ 面

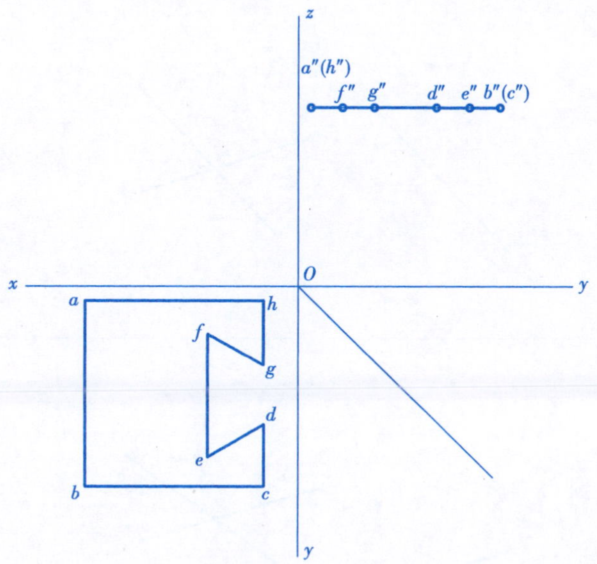

该平面是 ______ 面

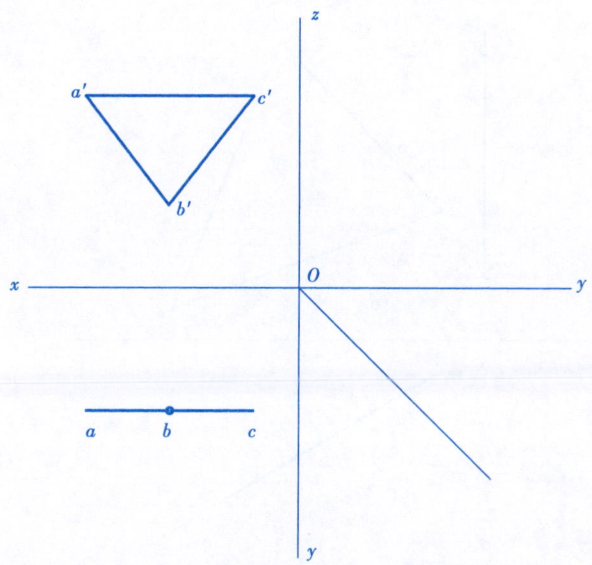

该平面是 ______ 面

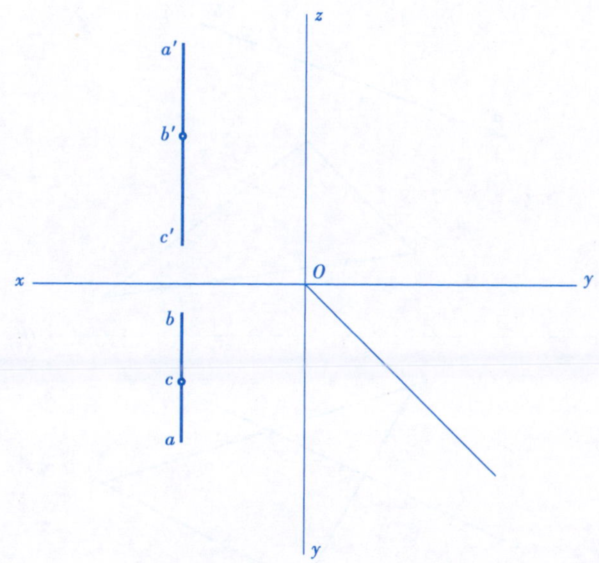

该平面是 ______ 面

姓 名		班 级		学 号		成 绩		其 他	

3.4 面的投影(要求:掌握平面内的点和直线的几何条件及作图方法)

2. 求平面上点 K 与点 N 的另一投影。

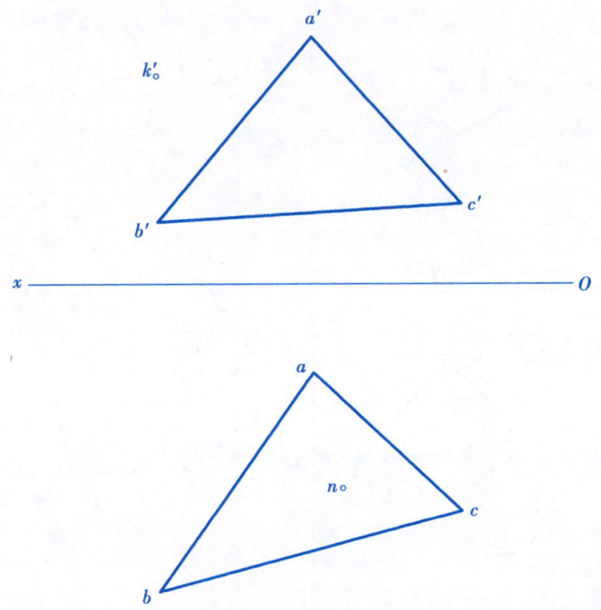

3. 判别点 N 是否在 ABC 平面内。

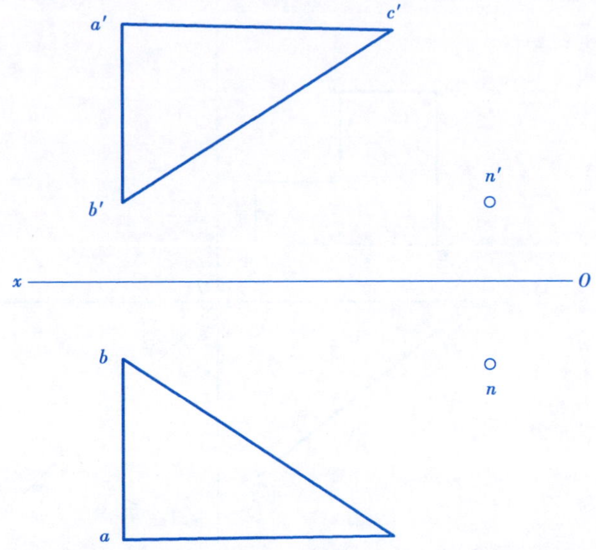

答:

4. 完成平面五边形的水平投影。

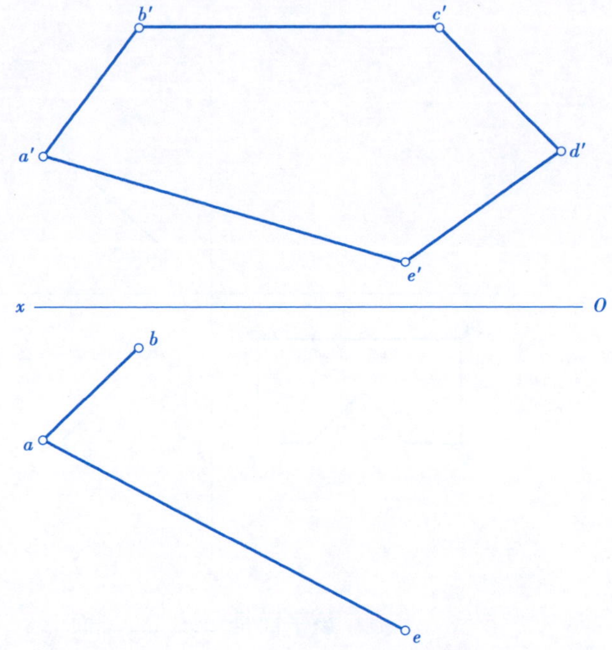

5. 判断下列各图中的直线与平面是否平行。

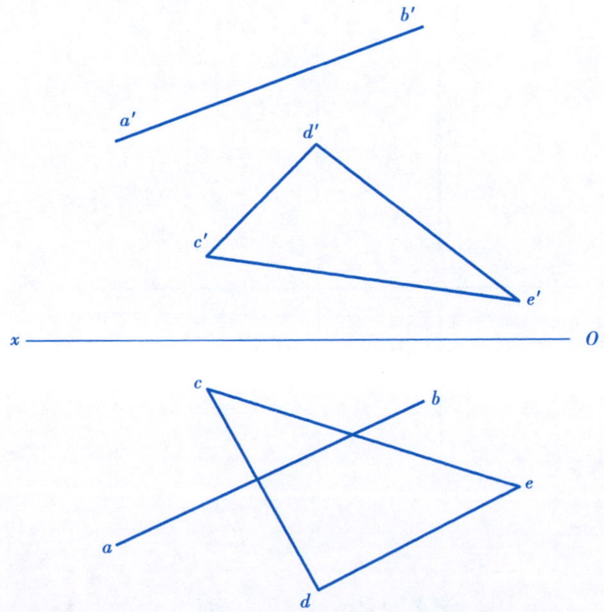

(　　　　)

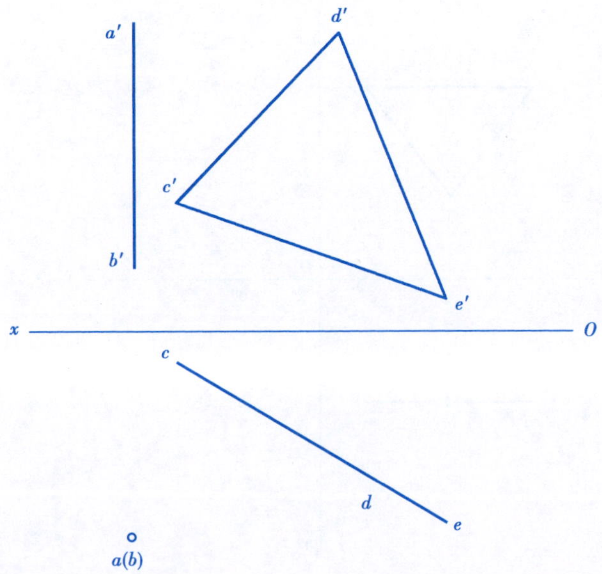

(　　　　)

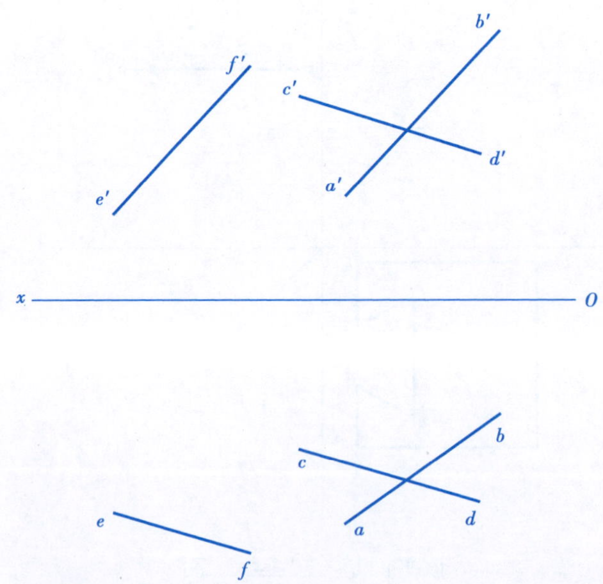

(　　　　)

姓名		班级		学号		成绩		其他	

3.4 面的投影（要求：熟悉线、面平行的几何条件，熟练掌握线、面平行的投影特性及作图方法，求线与面的交点并判断可见性的方法）

6. 已知平行两直线 *AB* 和 *CD* 给定一平面，直线 *MN* 和平面 *EFG* 均与它们平行，试画出它们的另一投影。

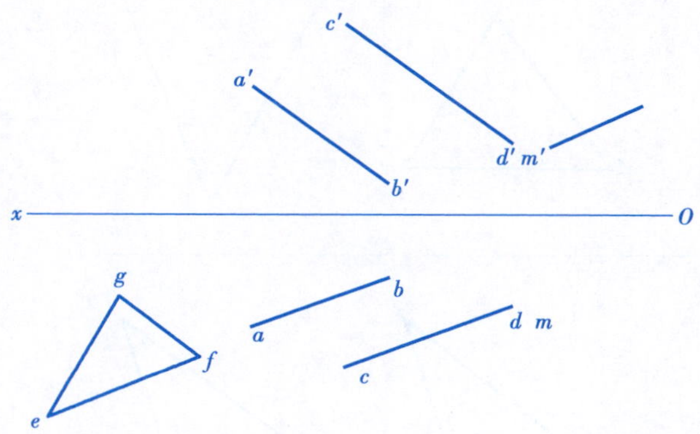

7. 已知直线 *AB* 和 *CD*（*AB*∥*CD*）所确定的平面平行于△*EFG*，完成该平面的水平投影。

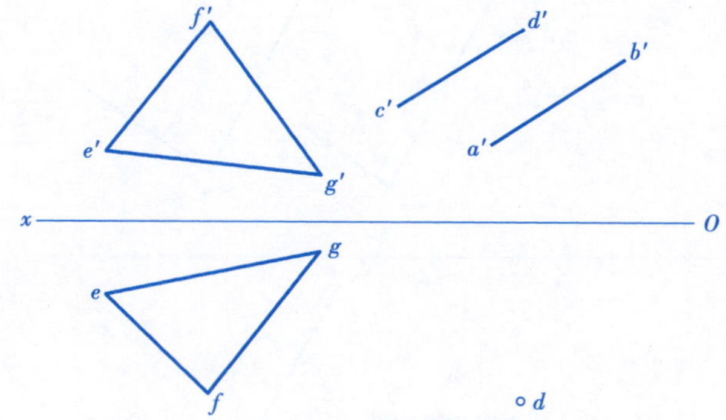

8. △*ABC* 平行于直线 *DE* 和 *FG*，补全△*ABC* 的水平投影。

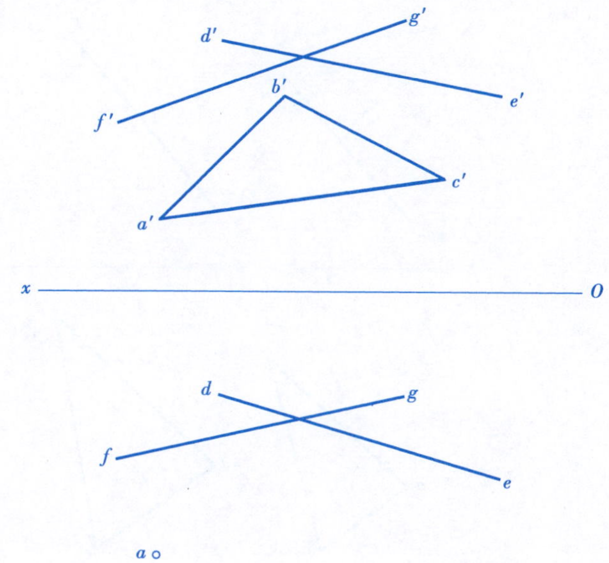

9. 求直线 *EF* 与△*ABC* 的交点 *K*，并判别可见性。

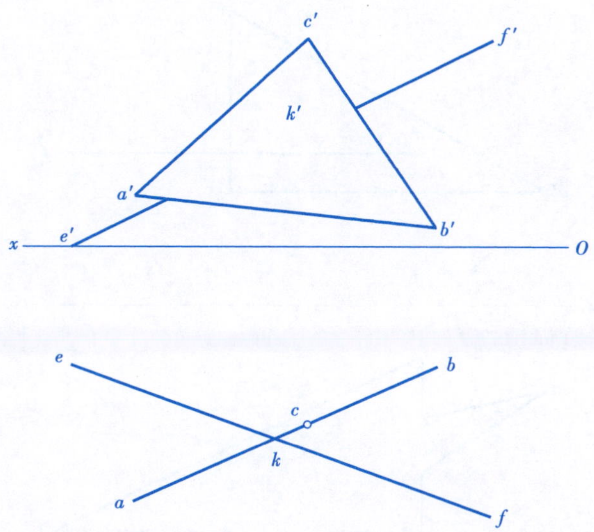

10. 求直线 *EF* 与△*ABC* 的交点 *K*，并判别可见性。

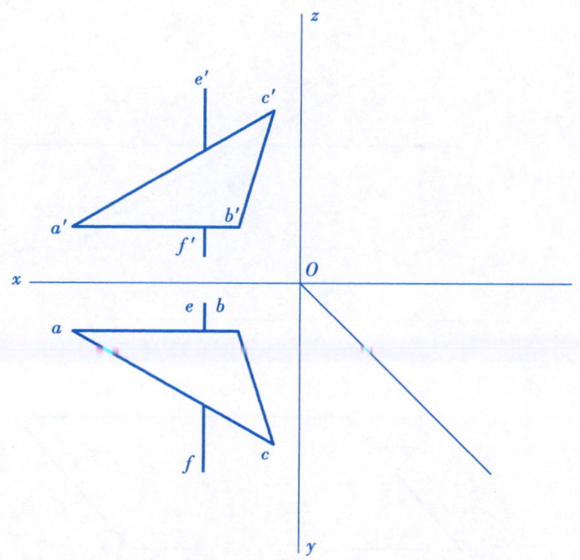

11. 过点 *A* 作正平线 *AM* 与△*BCD* 平行并与△*EFG* 相交，求出交点 *K* 并判别可见性。

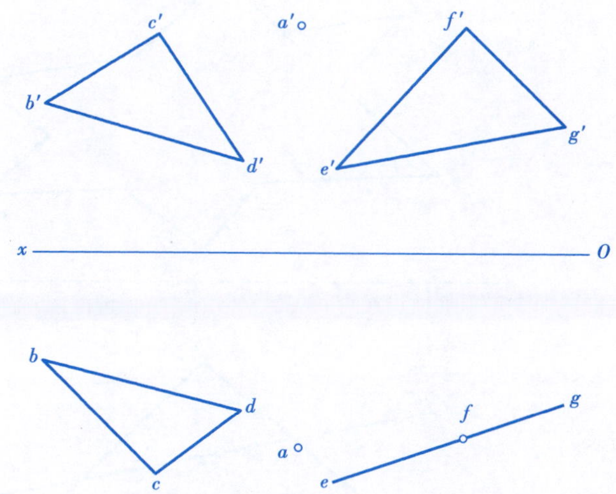

姓 名		班 级		学 号		成 绩		其 他	

3.4 面的投影(要求:熟悉线、面平行的几何条件,熟练掌握线、面平行的投影特性及作图方法,求线与面的交点并判断可见性的方法)

12. 判断下列各图中的两平面是否平行。

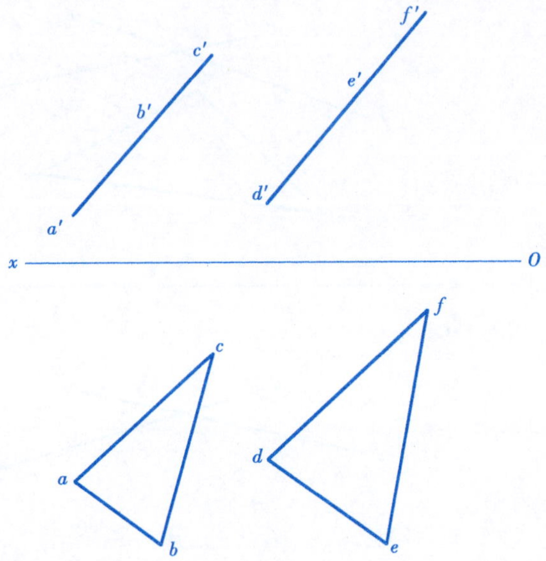

(　　　　)

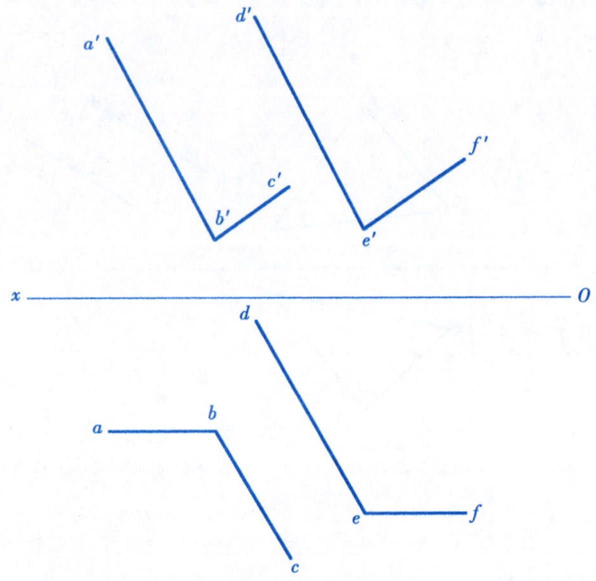

(　　　　)

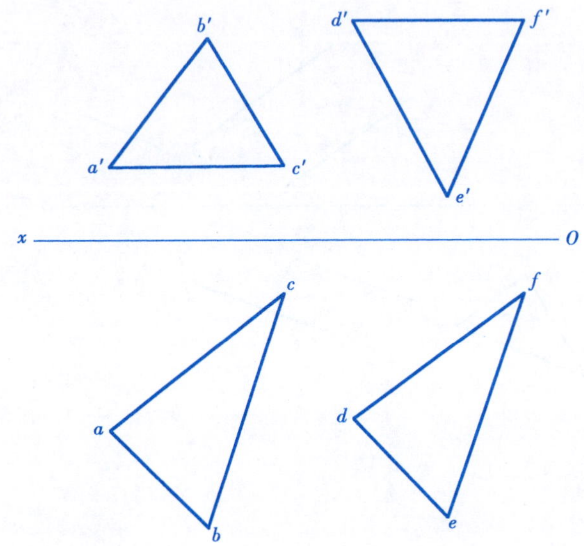

(　　　　)

13. 求两平面的交线 MN 并判别可见性。

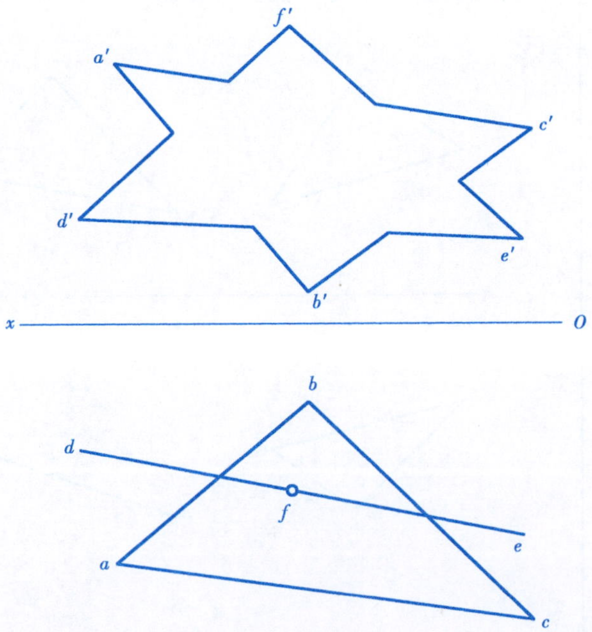

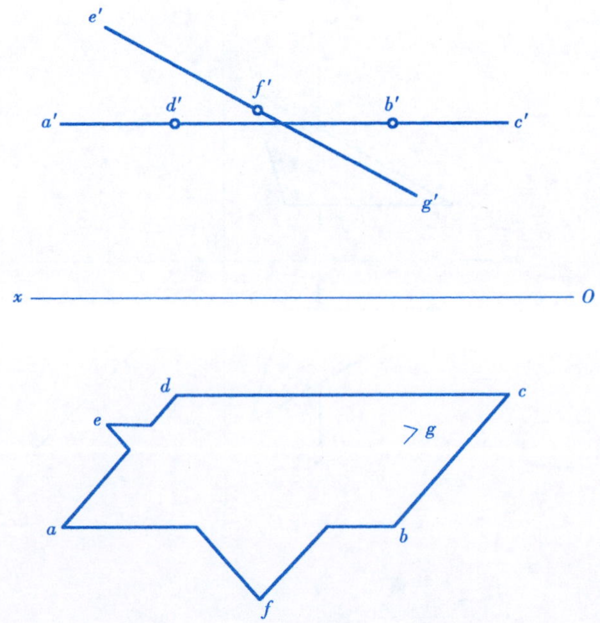

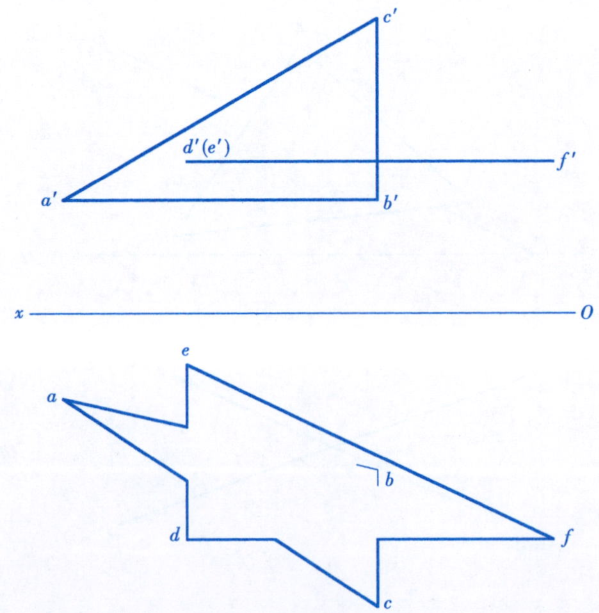

姓名		班级		学号		成绩		其他	

3.4 面的投影（要求：熟悉线、面平行的几何条件，熟练掌握线、面平行的投影特性及作图方法，求线与面的交点并判断可见性的方法）

14. 设圆直径为40，圆心在 A 点，圆平面平行于 V 面，试作圆的三面投影。

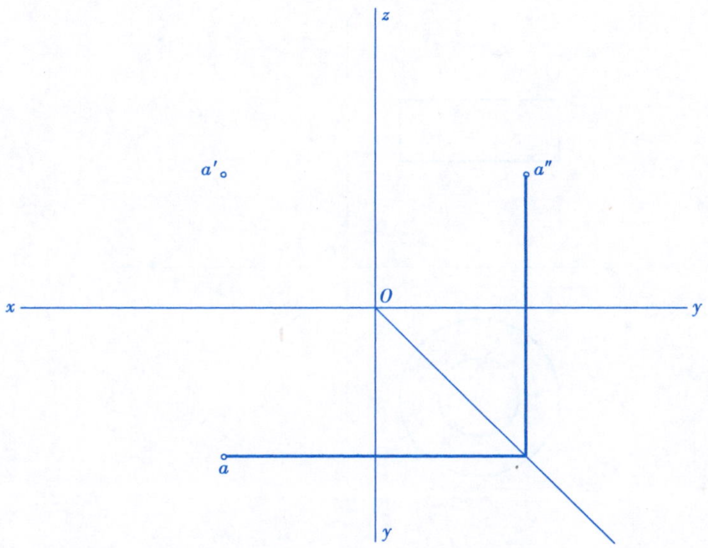

15. 画下列各回转面的第三投影，并补作出其表面上点或线的第二个投影。

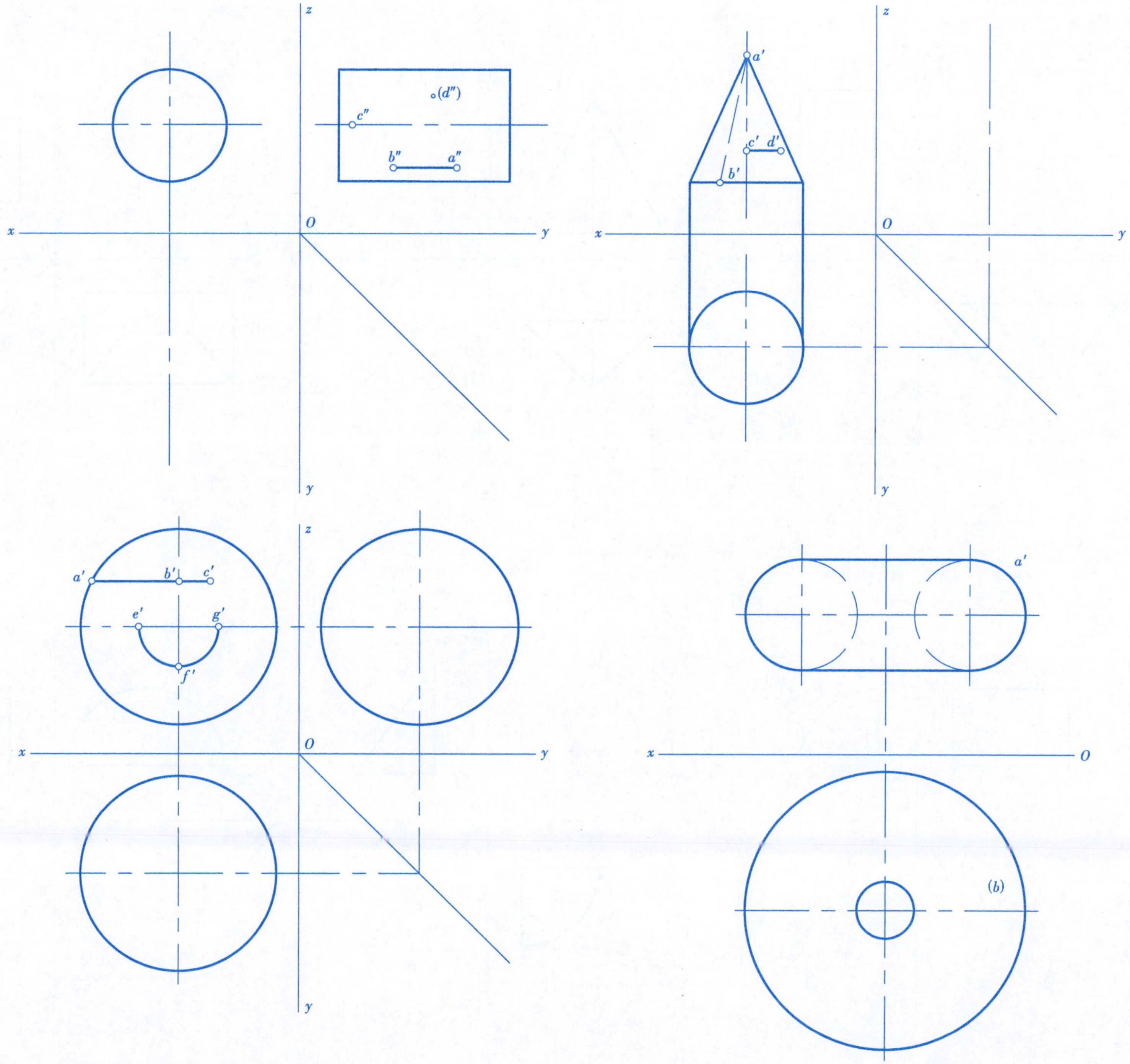

16. 在直线 AB 上取若干点（含距离 OO' 最近的点）按旋转轨迹作出单叶双曲回转面的两投影。

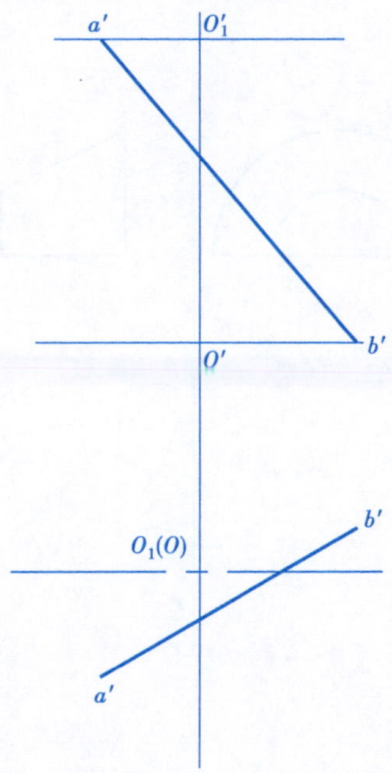

姓 名		班 级		学 号		成 绩		其 他	

3.5 体的投影(要求:掌握基本立体的投影特性和作图方法)

1. 补画基本几何体的投影。

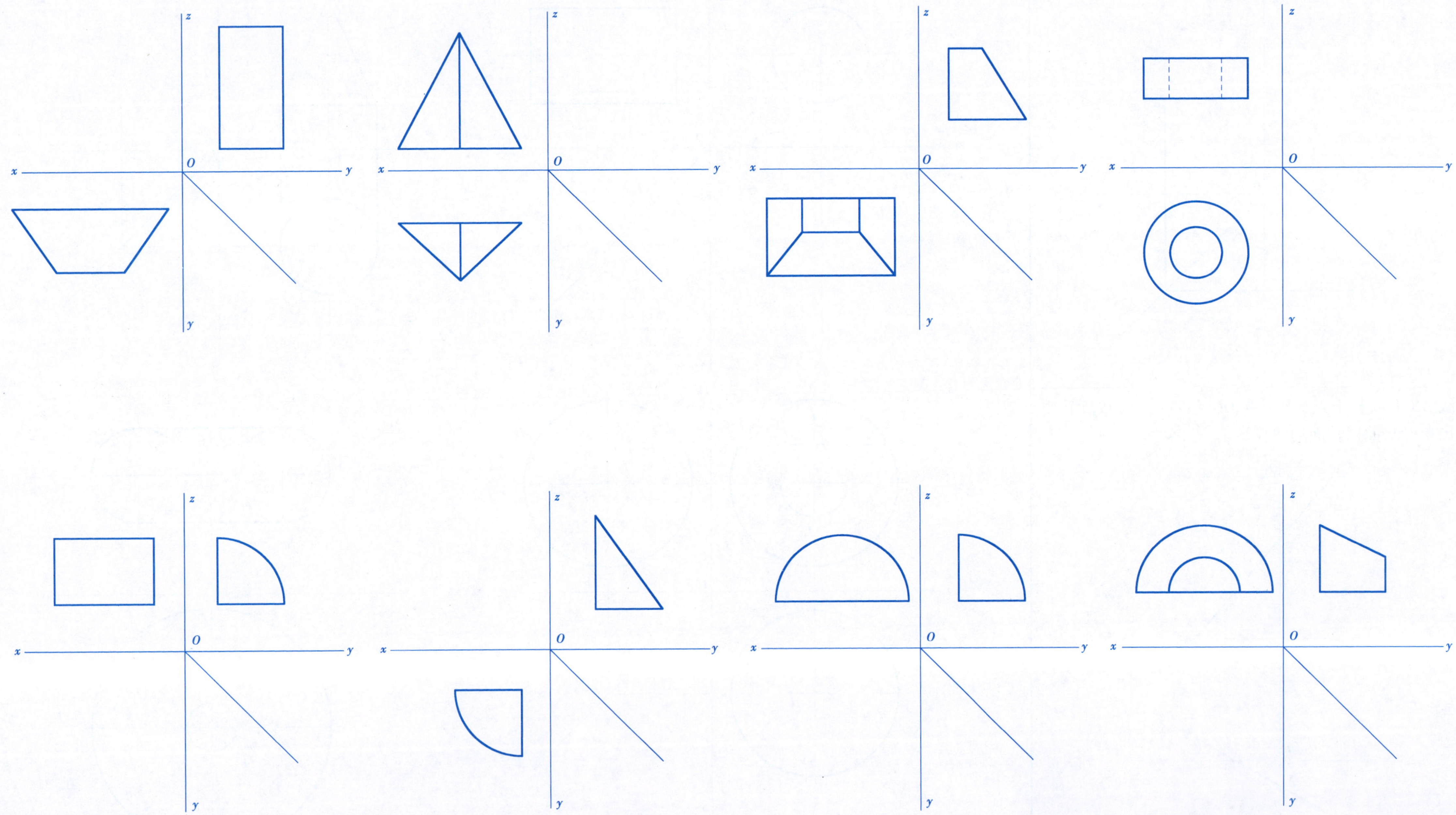

姓　名		班　级		学　号		成　绩		其　他	

3.5　体的投影(要求:掌握基本立体的投影特性和作图方法)

2. 补画切割几何体的投影(答案不唯一,有多解。)

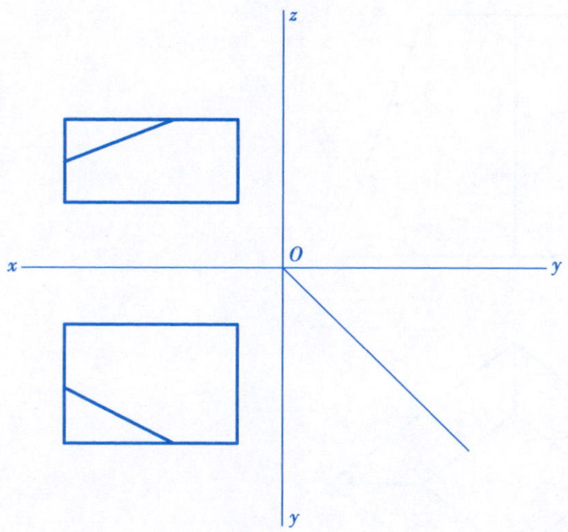

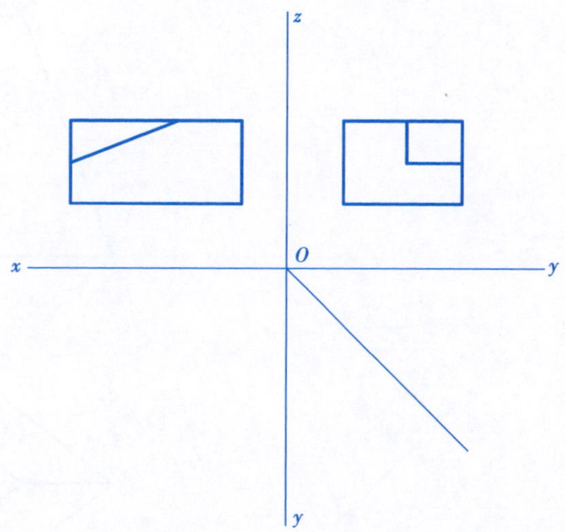

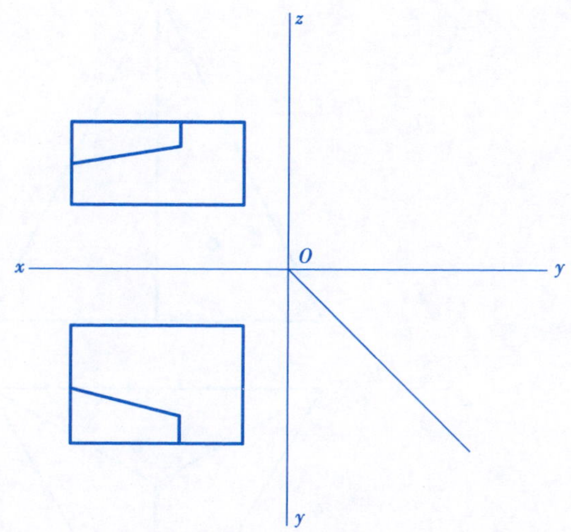

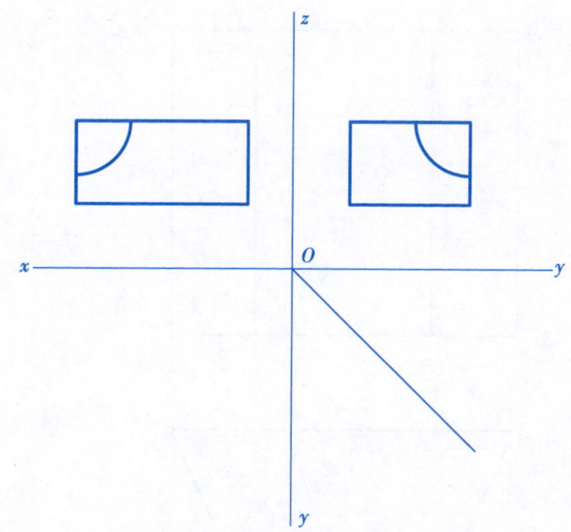

3. 补画组合体的投影。

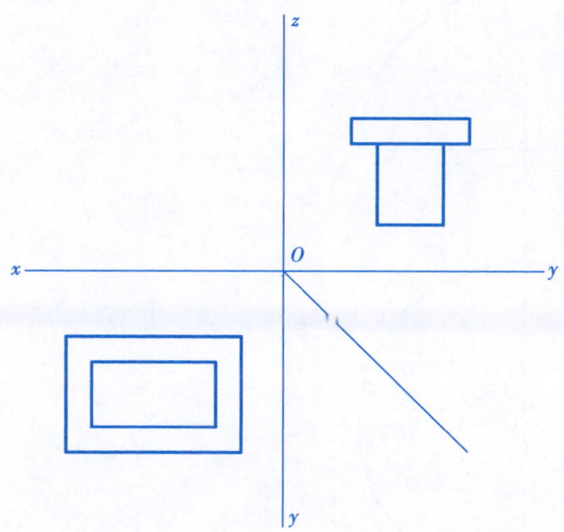

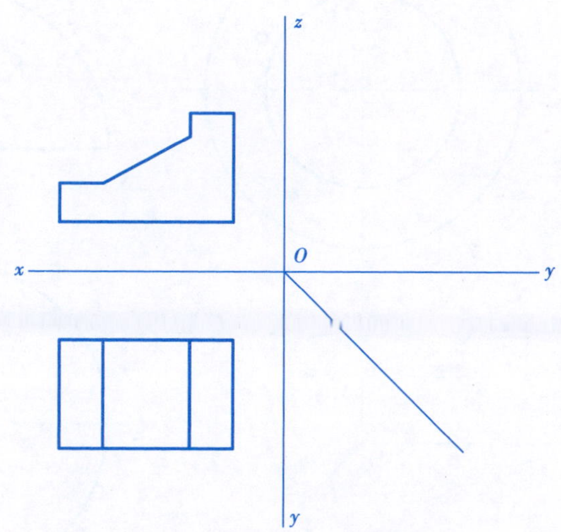

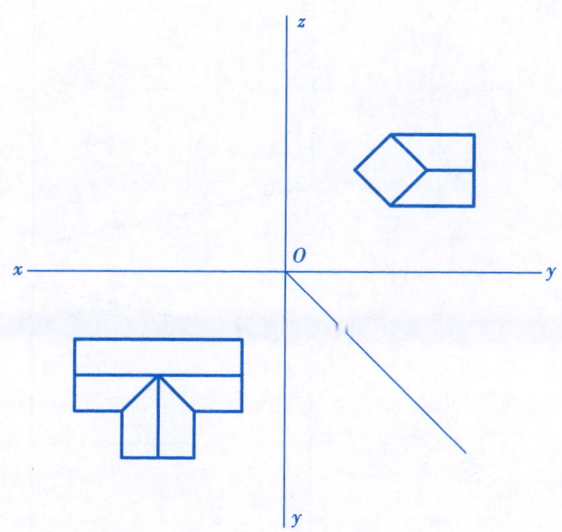

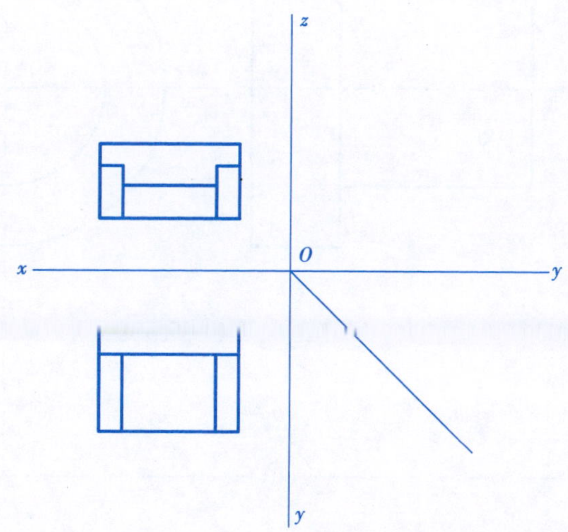

姓　名		班　级		学　号		成　绩		其　他	

3.5　体的投影(要求:掌握在立体表面上取点、取线的方法)

4. 求作体的第三视图,并补全体表面上点的其余两投影。

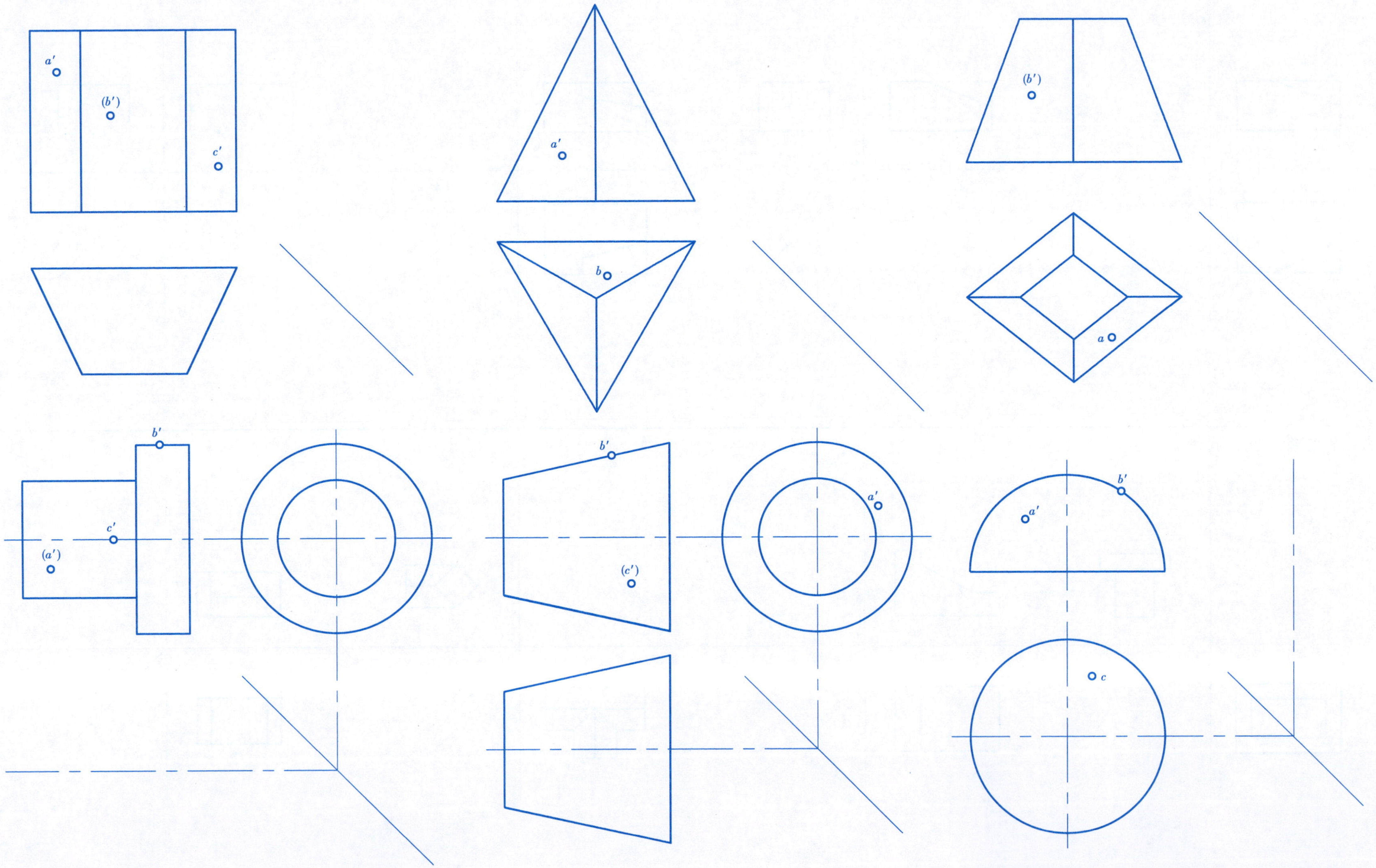

姓 名		班 级		学 号		成 绩		其 他	

3.5 体的投影(要求：掌握在立体表面上取点、取线的方法)

5. 补画屋顶的投影。

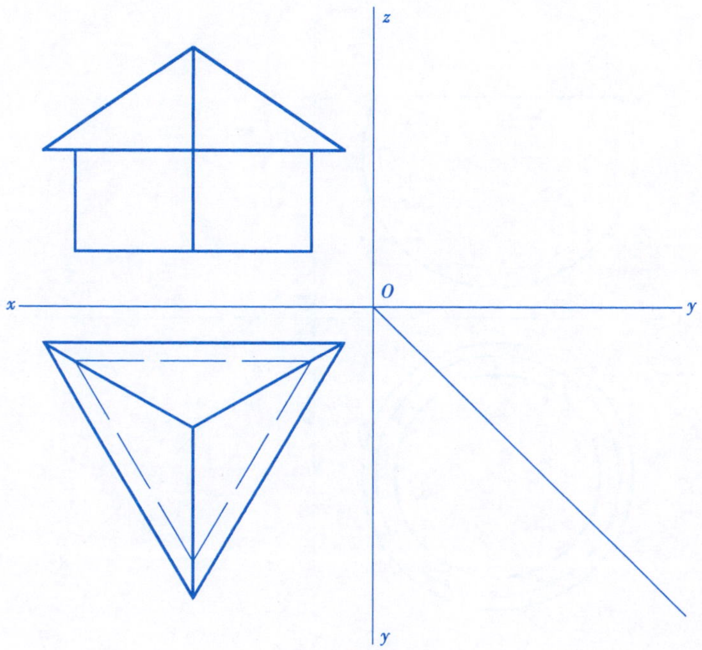

三角攒尖顶

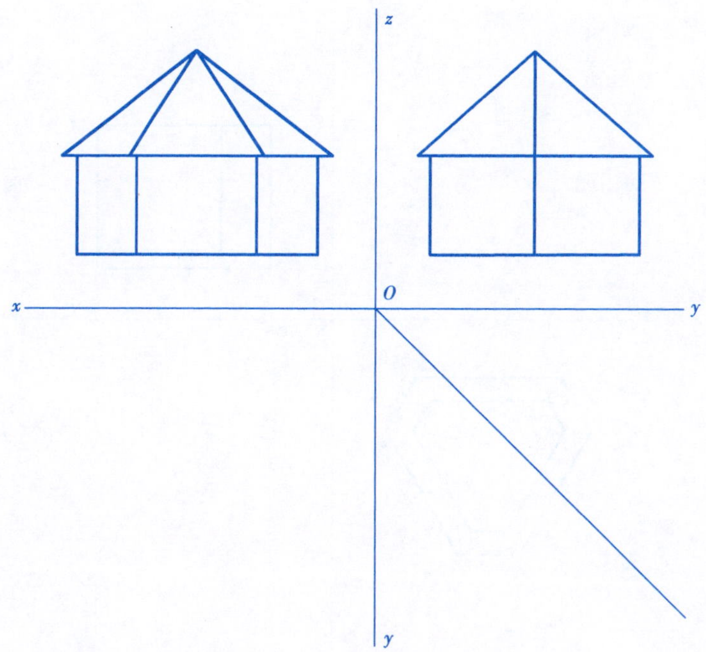

六角攒尖顶

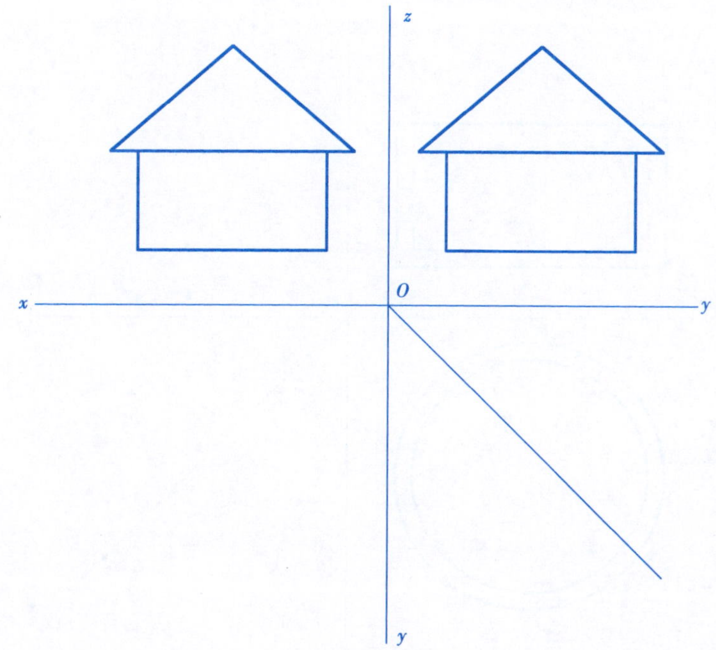

圆锥顶

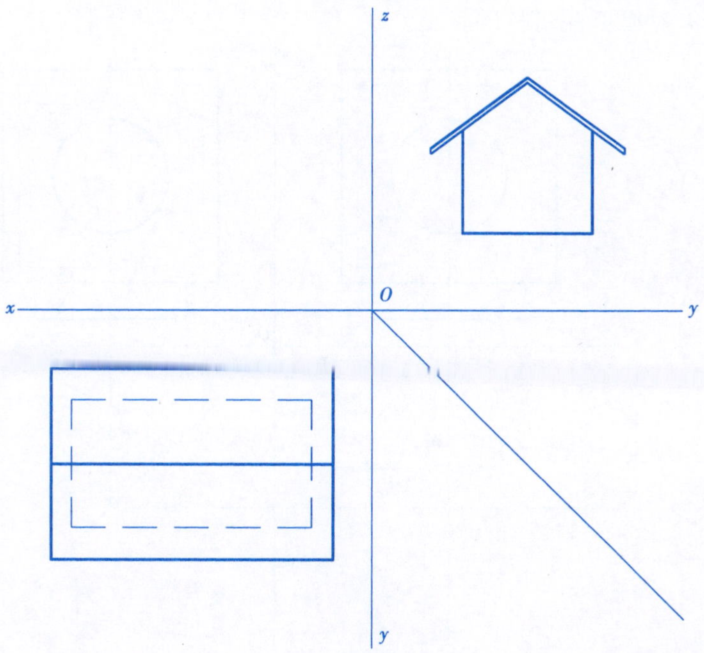

两坡顶

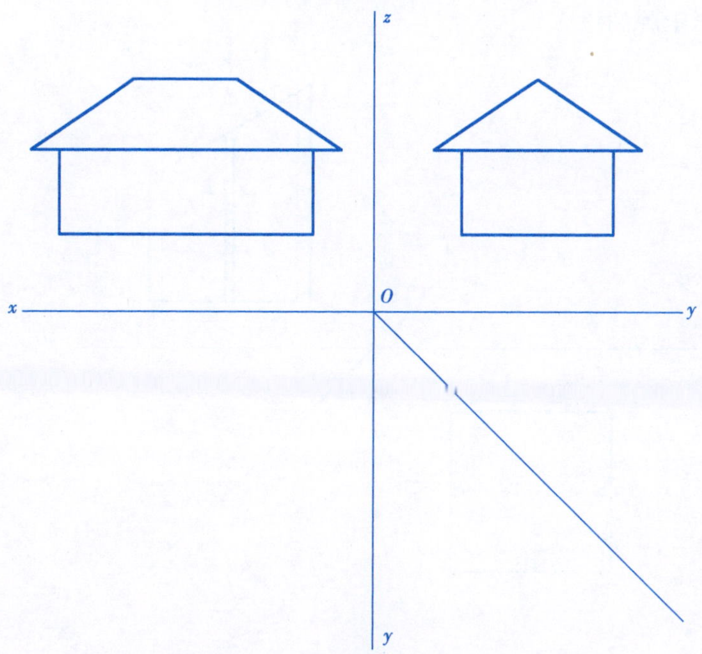

庑殿顶

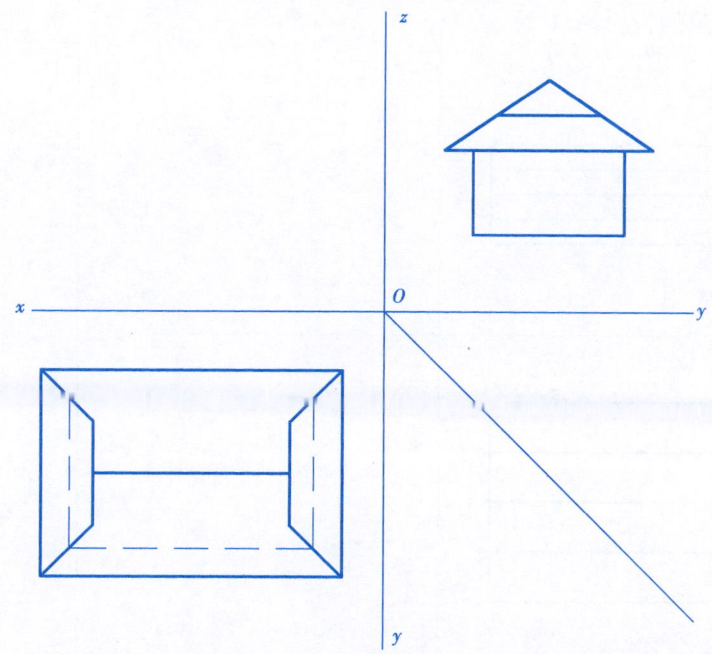

歇山顶

姓　名		班　级		学　号		成　绩		其　他	

3.5　体的投影（要求：掌握用形体分析法、线面分析法识读、绘制组合体和切割体投影）

6. 补画花池的投影。

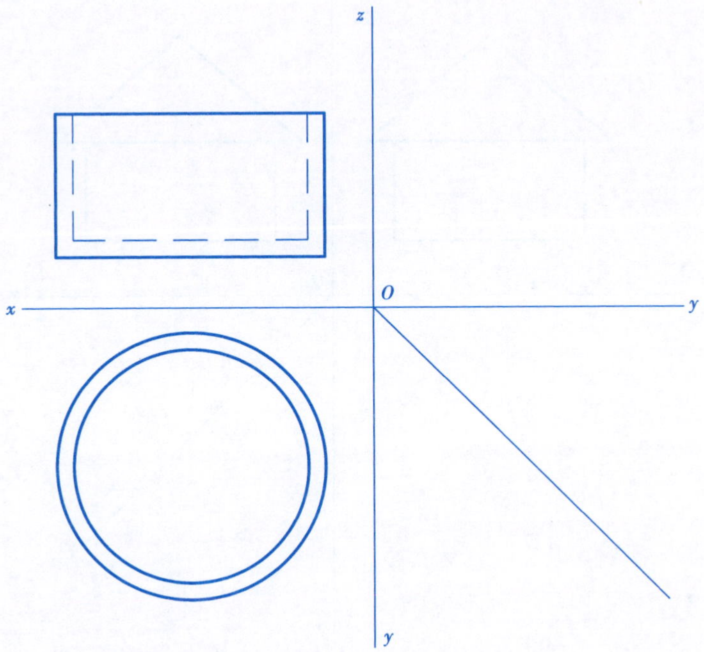

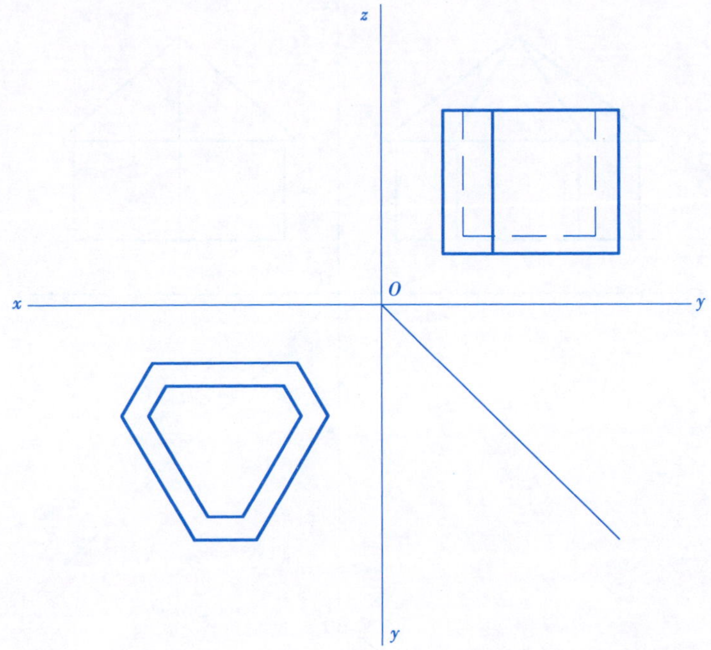

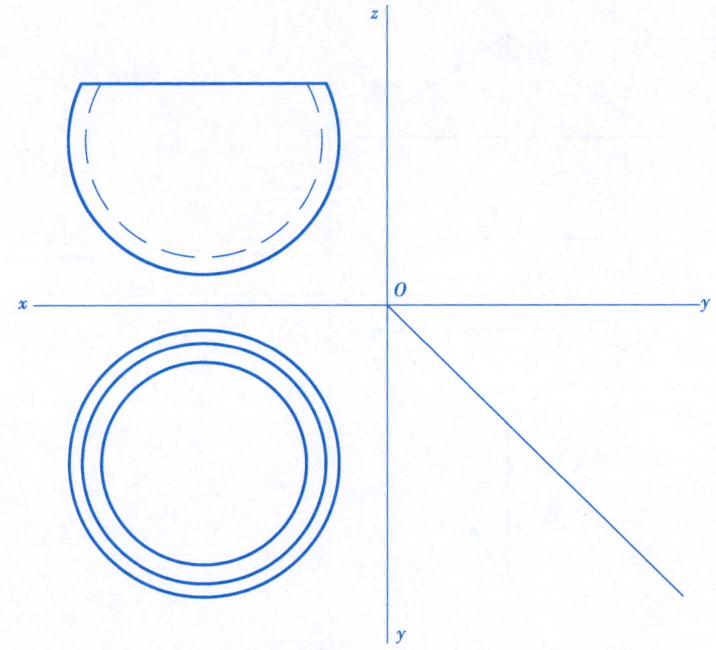

7. 补画台阶的投影。

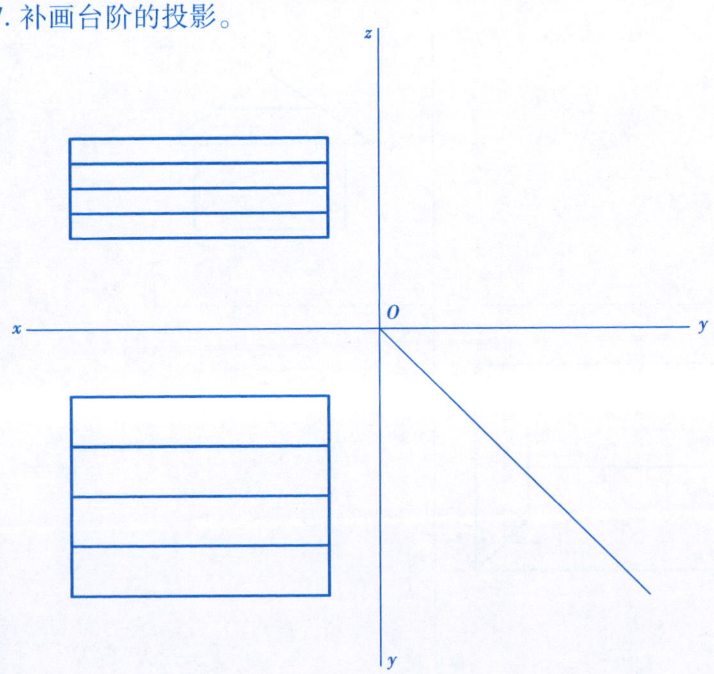

8. 补画指示牌的投影。

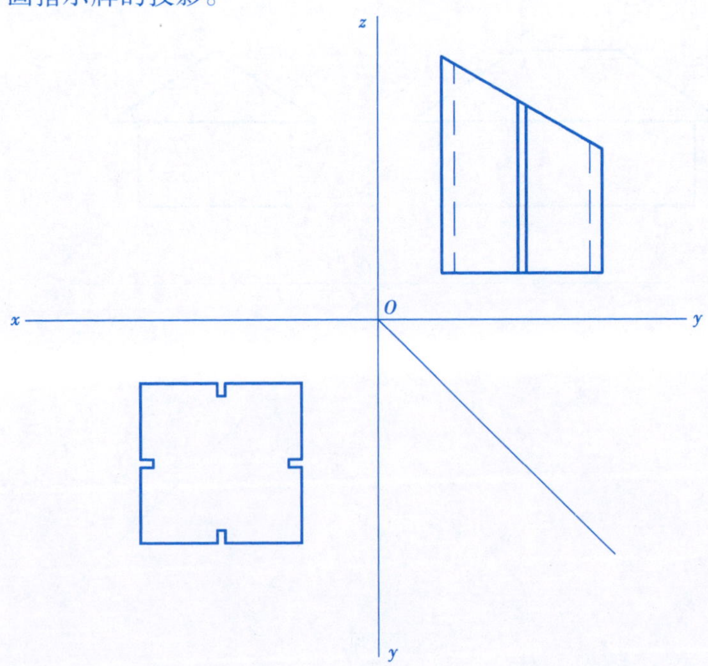

9. 补画庭院灯柱的投影。

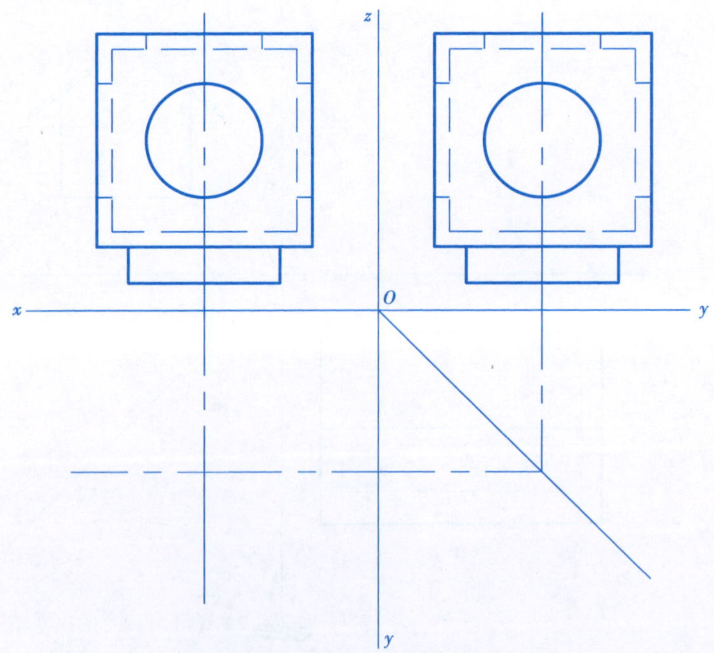

姓 名		班 级		学 号		成 绩		其 他	

3.5 体的投影（要求：掌握用形体分析法、线面分析法识读、绘制组合体和切割体投影）

10. 补画围树椅的 V 面投影。

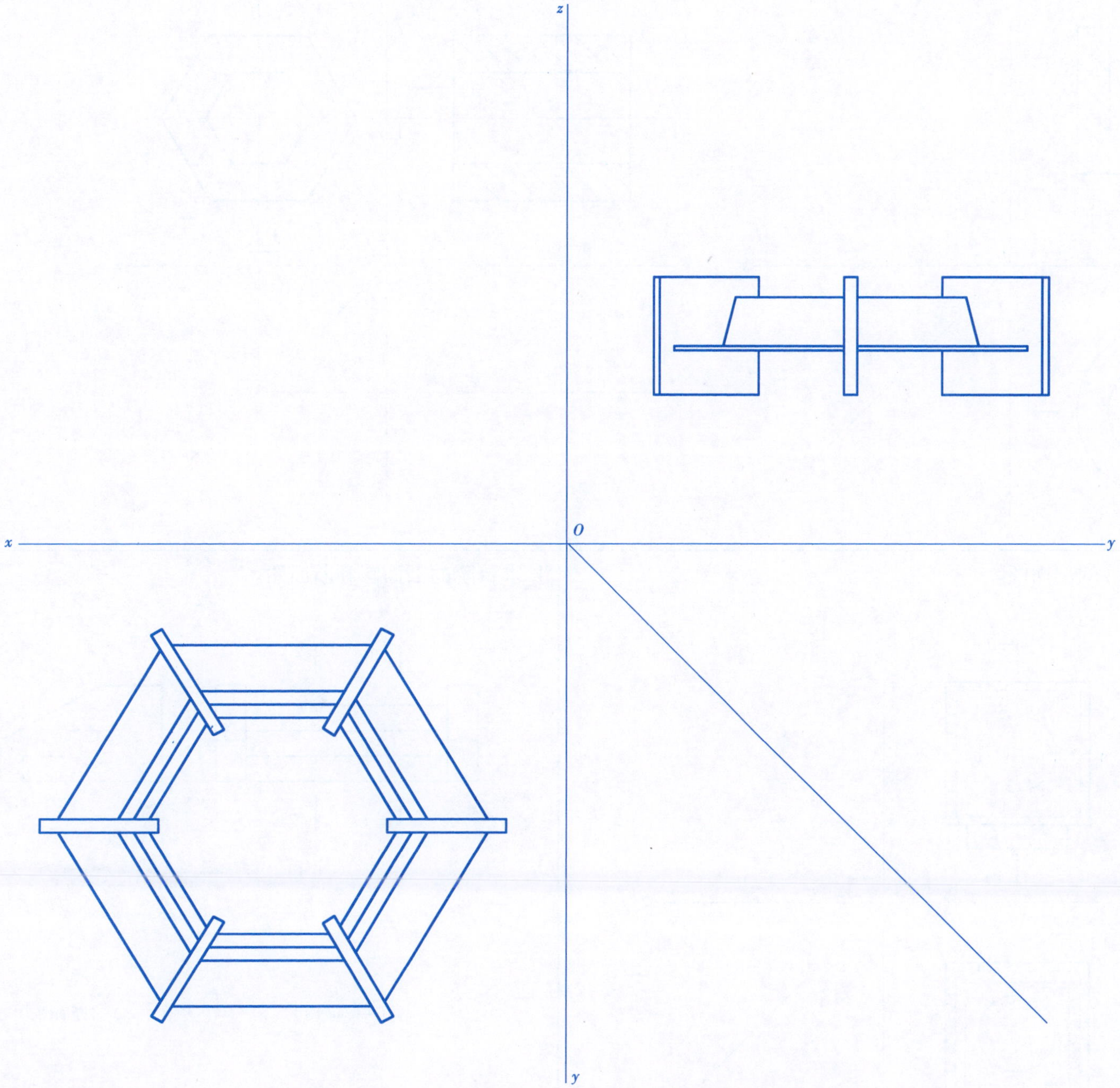

11. 补齐圆凳的 H 面投影。

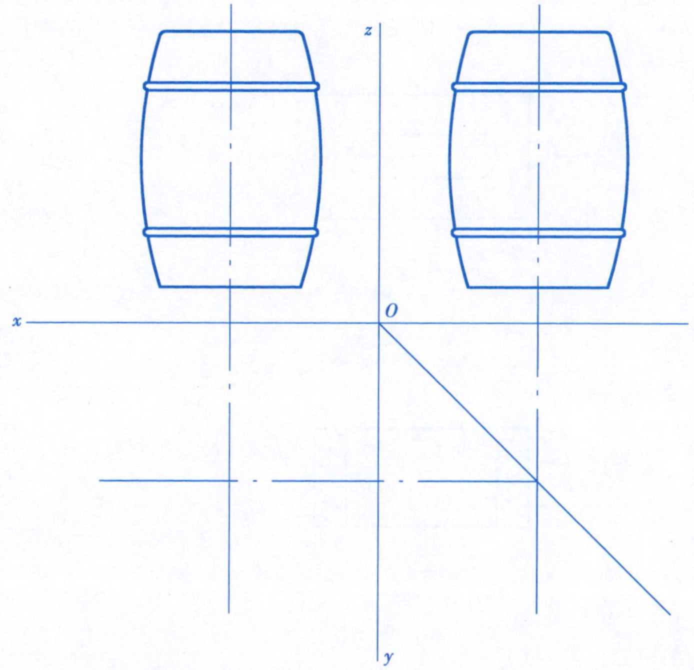

12. 补齐圆桌的 H 面投影。

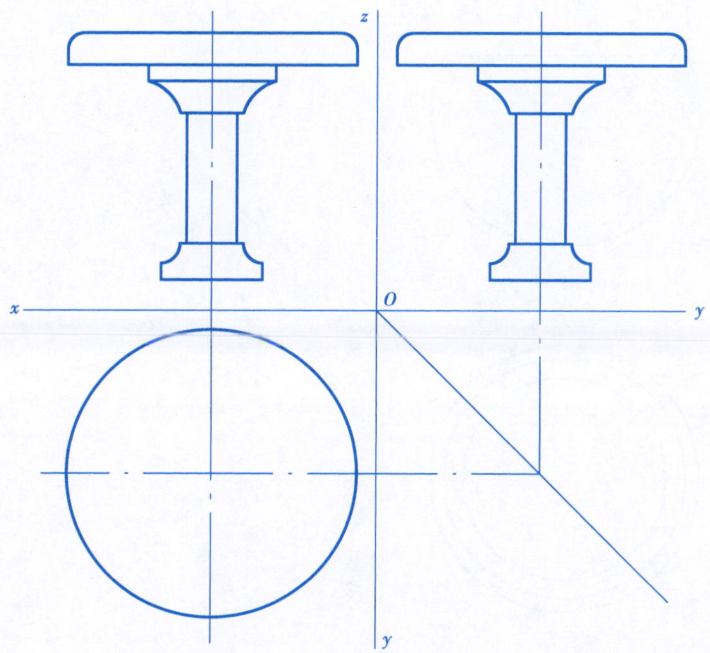

姓 名		班 级		学 号		成 绩		其 他	

3.6 剖面图与断面图(要求:掌握剖面图与断面图的种类及它们的区别,能正确绘制剖面图和断面图)

1. 求几何体的剖面图。

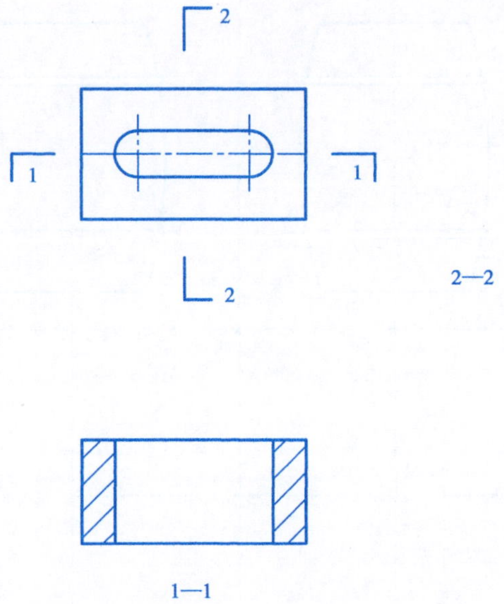

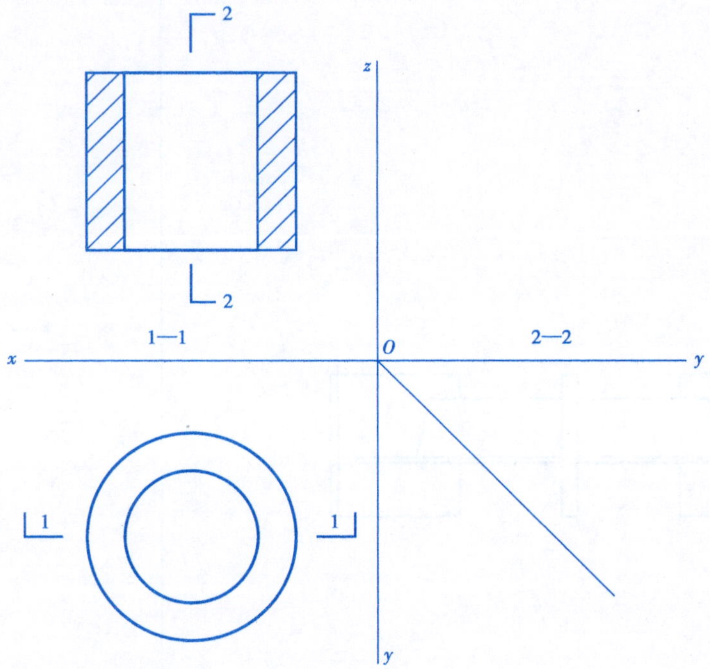

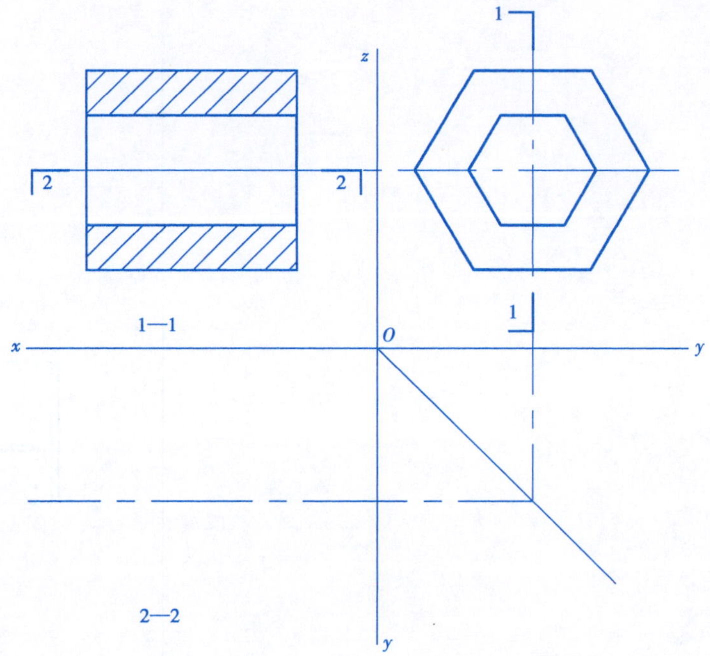

2. 求花池的剖面图。

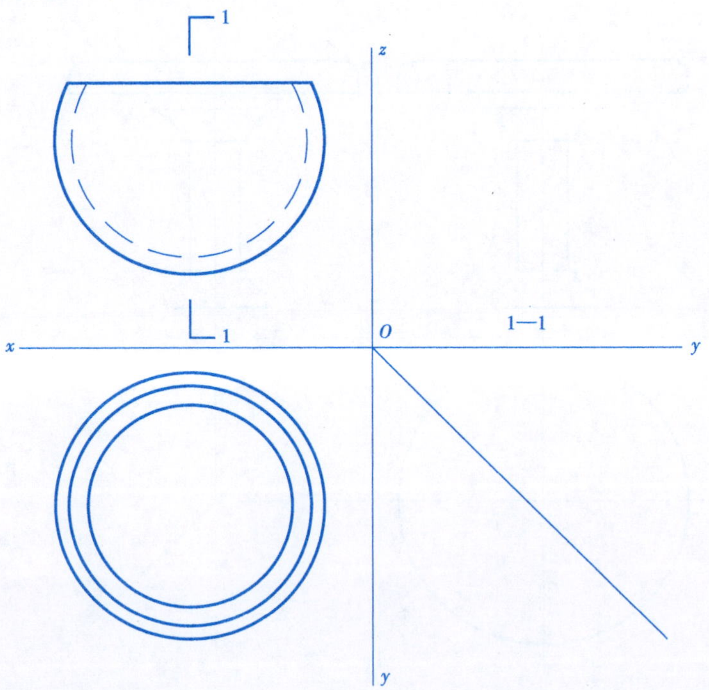

3. 求庭院灯柱的剖面图。

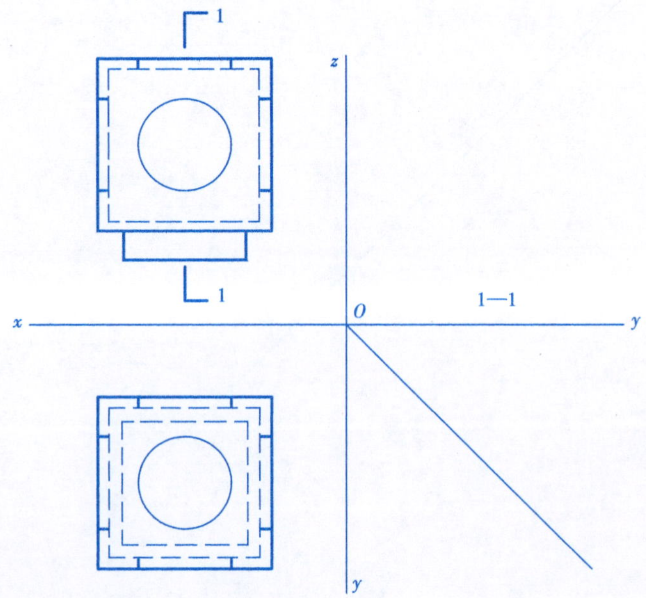

4. 求台阶的剖面图和断面图。

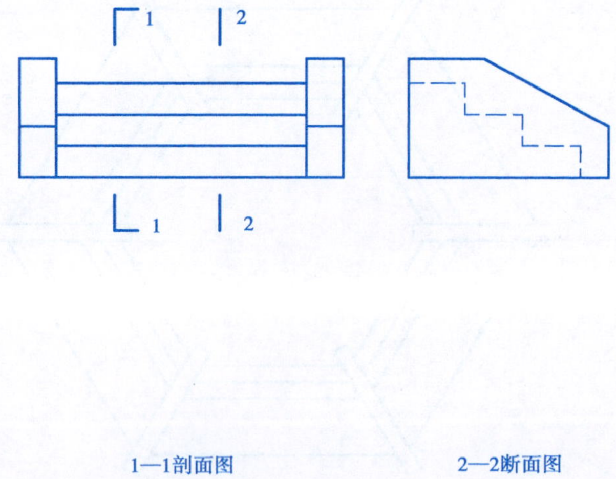

姓 名		班 级		学 号		成 绩		其 他	

3.6 剖面图与断面图(要求:掌握剖面图与断面图的种类及它们的区别,能正确绘制剖面图和断面图)

5. 已知石栏板的立面及若干断面详图,请绘 1—1、2—2 剖面图。

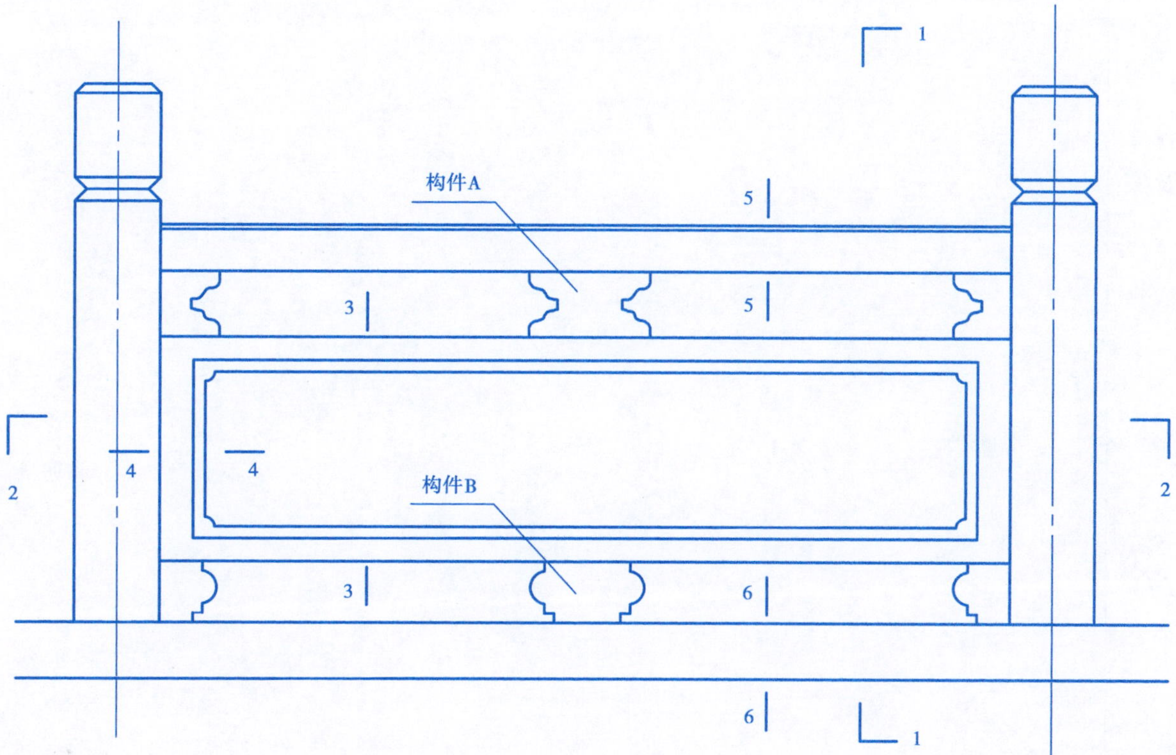

石栏板立面图1:20

1—1剖面1:20

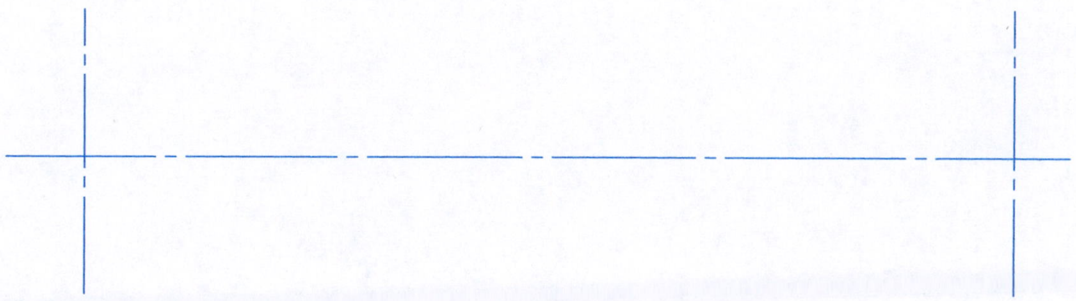

2—2剖面1:20

3—3断面1:10

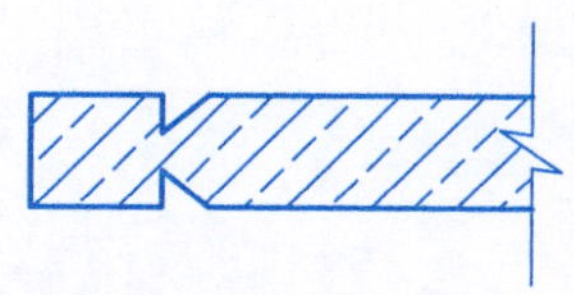

4—4断面1:10

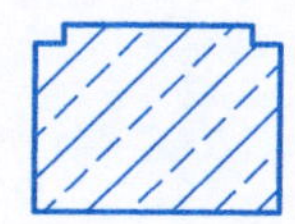

5—5断面1:10

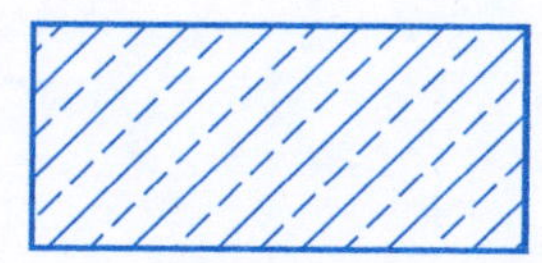

6—6断面1:10

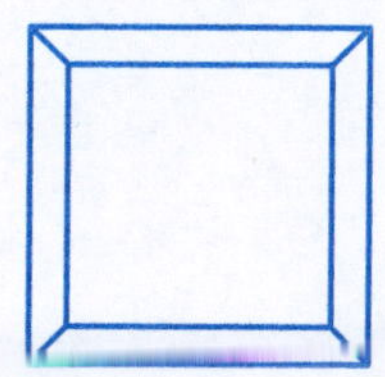

拦河立柱平面图1:10

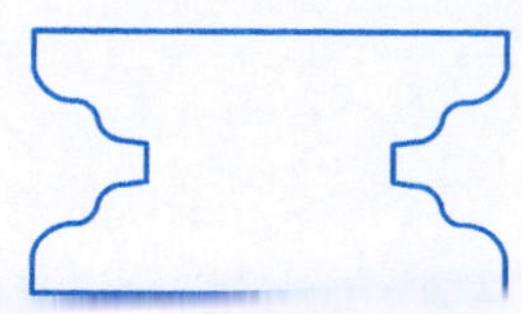

构件A1:10

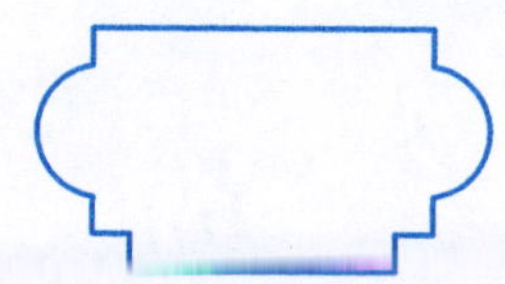

构件B1:10

姓 名		班 级		学 号		成 绩		其 他	

实训3 园林小品的测绘

1. 目的

将投影基本原理与专业知识相结合，掌握园林小品的平面、立面、剖面图的绘制方法。

2. 仪器

图板、丁字尺、三角板、铅笔、圆规、绘图模板、绘图钢笔、工具刀、擦图器、橡皮擦、毛刷、2号图纸、皮尺。

3. 实训任务

以学校绿地中的任意一小品灯柱、座椅、石桌、水池、花坛等为对象进行测绘，根据测绘结果及实物，运用适宜比例，绘制该物体的视图并标注尺寸，并画出其剖面图。

4. 具体要求

①用2号图绘制。

②图面干净整洁，布图合理。

③测量准确。

④平面、立面投影关系正确，线型正确，尺寸标注正确。

⑤图面整洁。

⑥求庭院灯柱的剖面图。

4 轴测图

本章导读 本章是培养和学习园林效果图的入门理论，主要学习常用轴测图的概念、理论、绘制方法和作图步骤。

中心内容

1）基本概念

轴测投影的概念：工程图中常采用一种富有立体感的一面投影图来表示物体，作为辅助图样帮助读图和设计构思，这种投影图称为轴测投影图，简称轴测图。

轴间角：相邻两轴测轴之间的夹角叫轴间角。

轴向缩短率：（轴向变形系数）空间物体平行于坐标轴方向的真实长度与轴测投影图中对应线段长度的比值称为轴向缩短率。

2）轴测投影分类

- 正轴测图
  - 正等测投影图：3 个轴向变形系数相等。
  - 正二测投影图：3 个轴向变形系数中有两个相等。
  - 正三测投影图：3 个轴向变形系数都不相等。
- 斜轴测图
  - 斜等测投影图：3 个轴向变形系数相等。
  - 斜二等测投影图：3 个轴向变形系数中有两个相等。
  - 斜三等测投影图：3 个轴向变形系数都不相等。

3）轴测投影的特性

空间中相互平行的平面、直线在投影图中平行关系不变。物体上行于投影面的平面反映其实形。

4）轴测投影的画法

（1）正轴测轴

①正等测轴测图

正等测轴测图的轴间角和轴向变形系数：3 个轴间角相等，都是 120°，变形系数 $p=q=r=0.82$（约等于 1）。

正等测轴测图的画法：

a. 读懂正投影图，进行形体分析并确定形体上直角坐标系位置。

b. 选择合适的轴测图种类与观察方向，确定轴测轴和轴向变形系数。

c. 选择合适的作图比例。

d. 根据形体特征选择作图方法。

e. 绘制轴测图底稿线。

f. 检查底稿是否有误，然后加深图线，完成轴测图。不可见部分通常给予省略，而不绘虚线。绘制平面立体轴测图的方法，常用的有坐标法、切割法和叠加法。

②正二等测轴测图

Oz 轴画成铅垂线，Ox 轴与水平线夹角为 7°10′，Oy 轴与水平线夹角为 41°25′，轴向变形系数 $p=r=1$，为方便起见，$q=0.5$。

③曲面体的轴测投影

a. 圆周

圆周轴测投影的一般特性：

- 当圆周平面平行于投影方向时，其轴测投影为一直线。
- 当圆周平面平行于投影面时，其轴测投影仍然为一个等大的圆周。
- 一般情况下，圆周的轴测投影为一椭圆。椭圆心为圆心的轴测投影；椭圆的直径为圆周直径的轴测投影；圆周上任一对互相垂直的直径，其轴测投影则为椭圆的一对共轭轴。

b. 曲线

曲线轴测投影的一般特性：

- 曲线的轴测图，一般情况下仍是曲线，故只要作出曲线上足够数量的点的轴测图，顺序连接起来即是。
- 平面曲线所在平面，若平行于投影方向时，其轴测图为一直线；若平行于轴测投影面时，则其轴测图反映实形。

曲线轴测投影的作图方法——网格法。

- 平面曲线所在平面，若平行于投影方向时，其轴测图为一直线；若平行于轴测投影面时，则其轴测图反映实形。

c. 曲面立体

圆柱、圆锥和其他旋转面的轴测图，都可归结为画圆周的轴测图。

（2）斜轴测投影

①正面斜测轴测图

正面斜轴测轴，Oz 轴画成铅垂线，Oz 轴与 Ox 轴夹角为 90°，Oy 轴与水平线夹角可为 30°，45°，60°，斜等测的轴向变形系数为 $p=q=r=1$，斜二测的轴向变形系数为 $p=r=1$，$q=0.5$。

正面斜轴测的特性：

a. 不管投影方向如何倾斜，平行于轴测投影面的平面图形，它的正面斜轴测图反映实形。

b. 垂直于投影面的直线，它的轴测投影方向和长度，将随着投影方向 S 的不同而变化。

c. 互相平行的直线，其正面斜轴测图仍互相平行。

②水平斜测轴测图

水平斜轴测图 Oz 轴可画成铅垂线，Oy 轴与水平线夹角可为 30°，45°，60°，Ox 轴与 Oy 轴夹角为 90°，轴向变形系数 $p=q=r=1$。

水平轴测图的一般作图步骤：

中心内容	
a. 画正面投影的水平画图,并将其逆时针旋转 30°。 b. 过平面图的各个顶点向下作垂线。 c. 在各垂线上取空间物体的高度,并连接。 d. 加深图线,完成轴测图。 5)轴测图的选择 (1)选择轴测图的原则 轴测图的种类繁多,究竟选择哪种轴测图来表达一个形体最合适,一般应从以下 3 个方面考虑: ①轴测图形要完整、清晰。 ②轴测图形直观性好,富有立体感。 ③作图简便。 (2)轴测图的直观性分析 影响轴测图直观性的因素主要有两个:一是形体自身的结构;二是轴测投影方向与各直角坐标面的相对位置。 用轴测图形表达建筑形体时,为了使其直观性良好,表达清楚,应注意以下几点: ①避免被遮挡。 ②避免有侧面的投影积聚为直线。 ③避免转角处交线投影成一直线。 ④避免平面体投影成左右对称的图形。 ⑤合理选择投影方向。	

姓 名		班 级		学 号		成 绩		其 他	

4.1 正等测投影

1. 作组合体的正等轴测投影图。

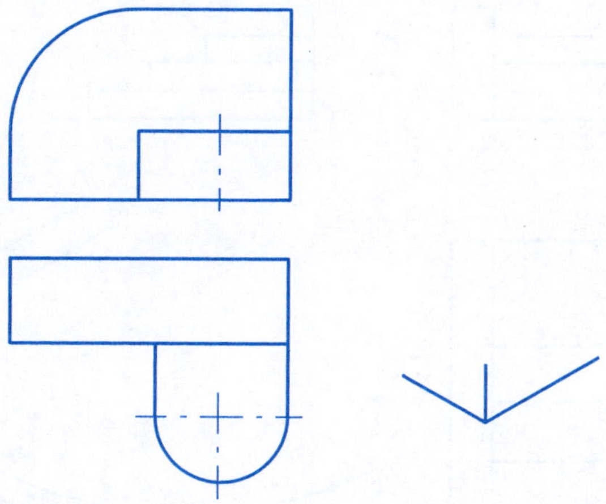

2. 作组合体的正等轴测投影图。

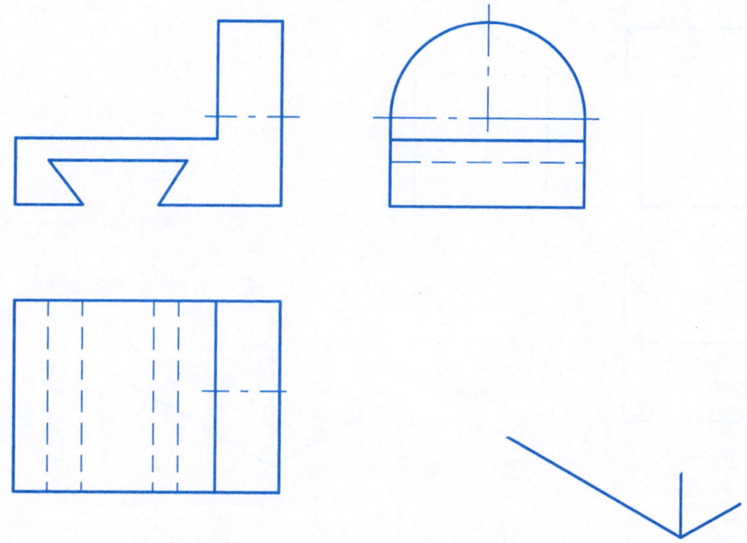

3. 作组合体的正等轴测投影图。

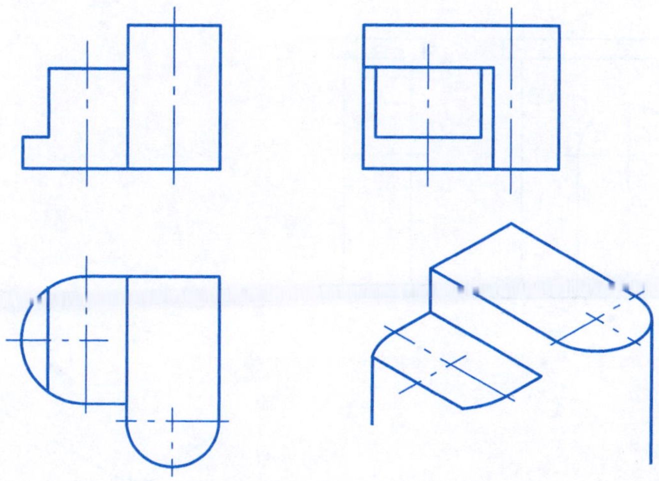

4. 作组合体的正等轴测投影图。

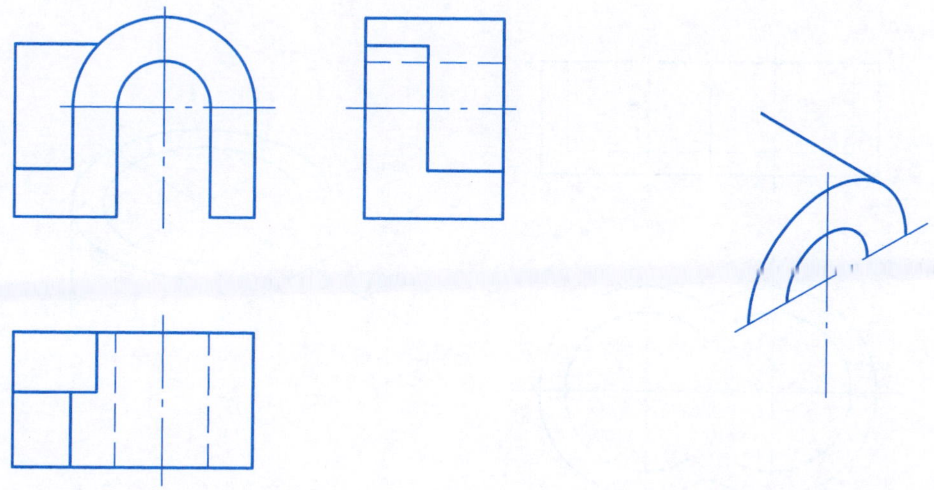

姓 名		班 级		学 号		成 绩		其 他	

4.1 正等测投影

5. 作建筑物的正等轴测投影图。

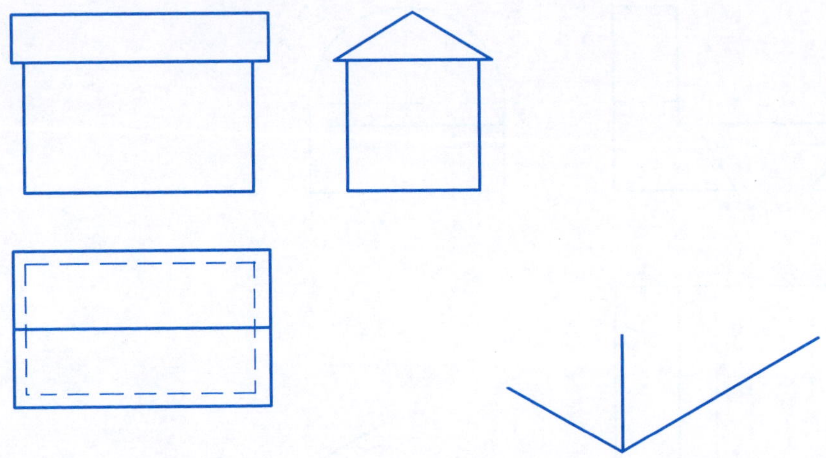

6. 作台阶的正等轴测投影图。

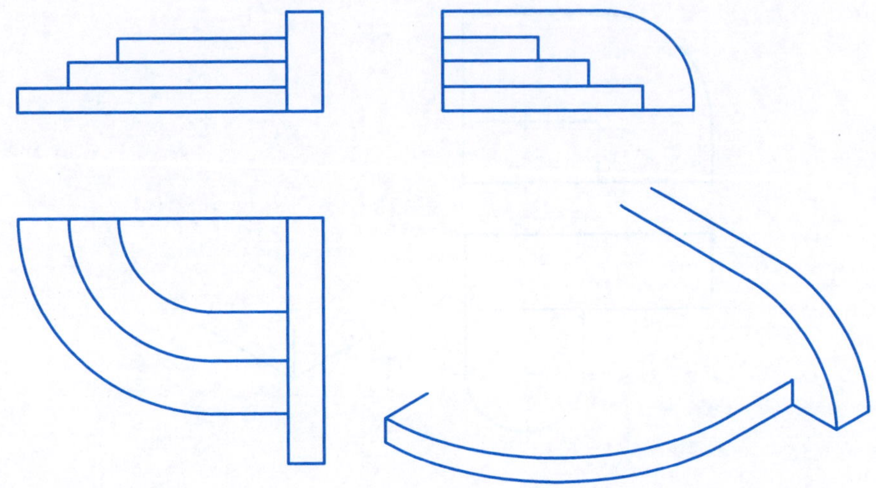

7. 作水池的正等轴测投影图。

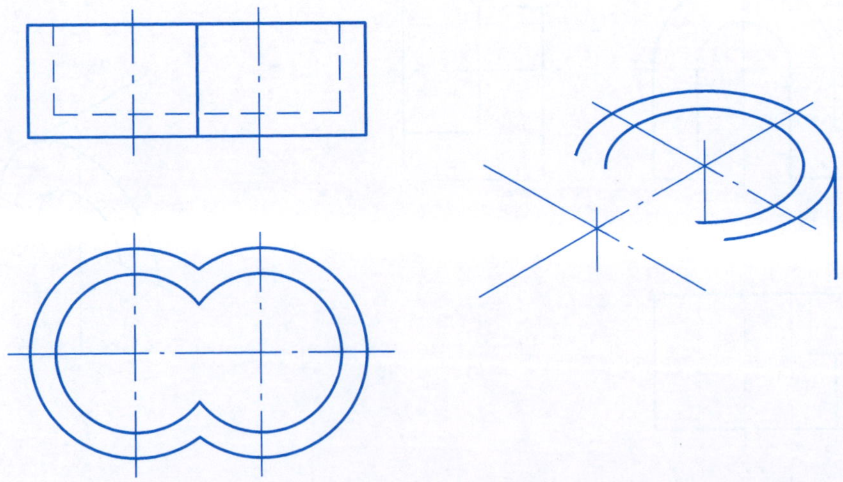

8. 作拱门的正等轴测投影图。

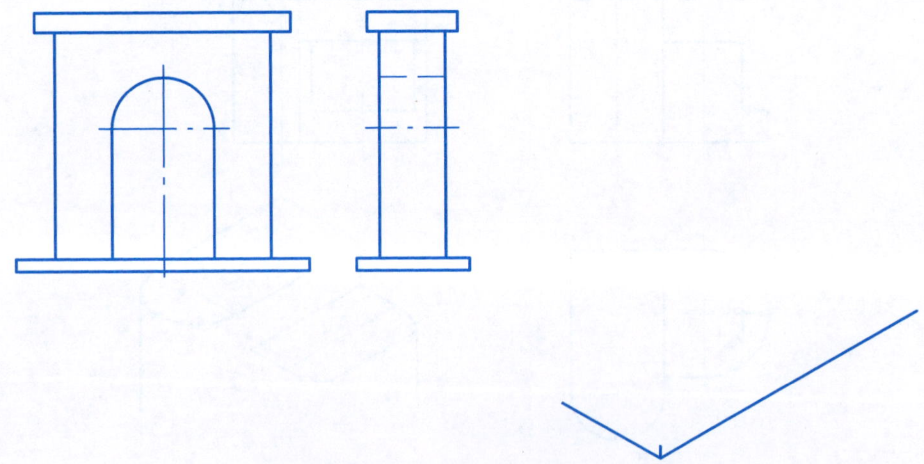

姓 名		班 级		学 号		成 绩		其 他	

4.1 正等测投影

9. 已知回转体的正投影图，求其正等测投影。

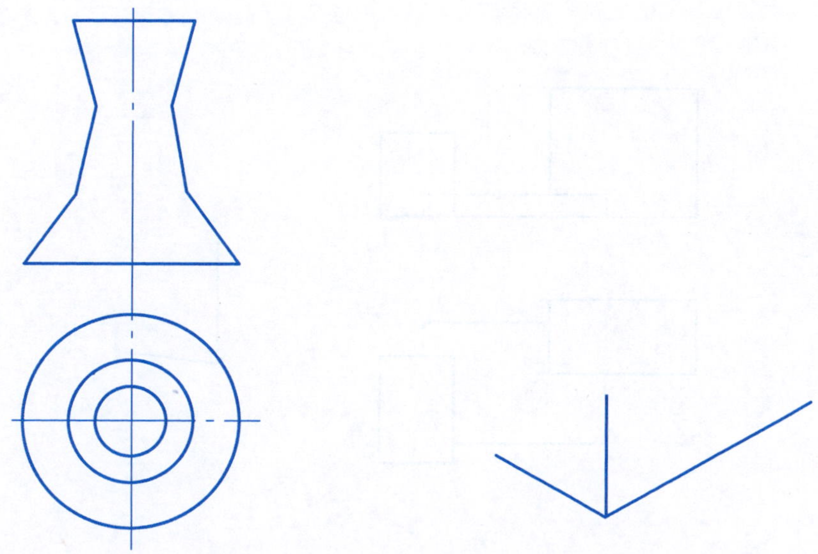

10. 已知楼梯的正投影图，求其正等测投影。

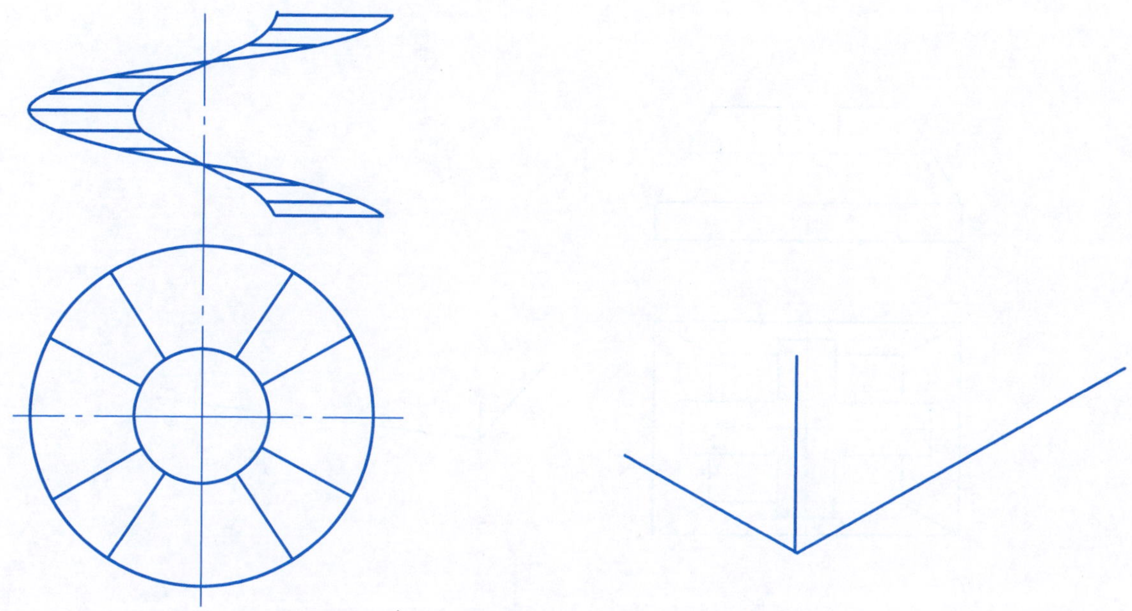

11. 已知回转体的正投影图，求其正等测投影。

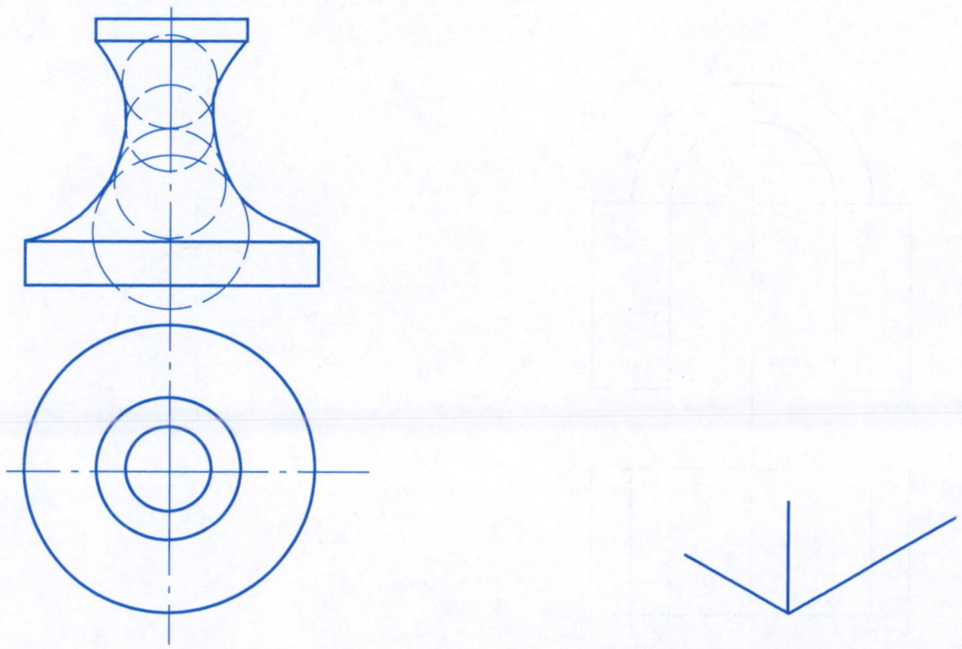

12. 已知回转体的正投影图，求其正等测投影。

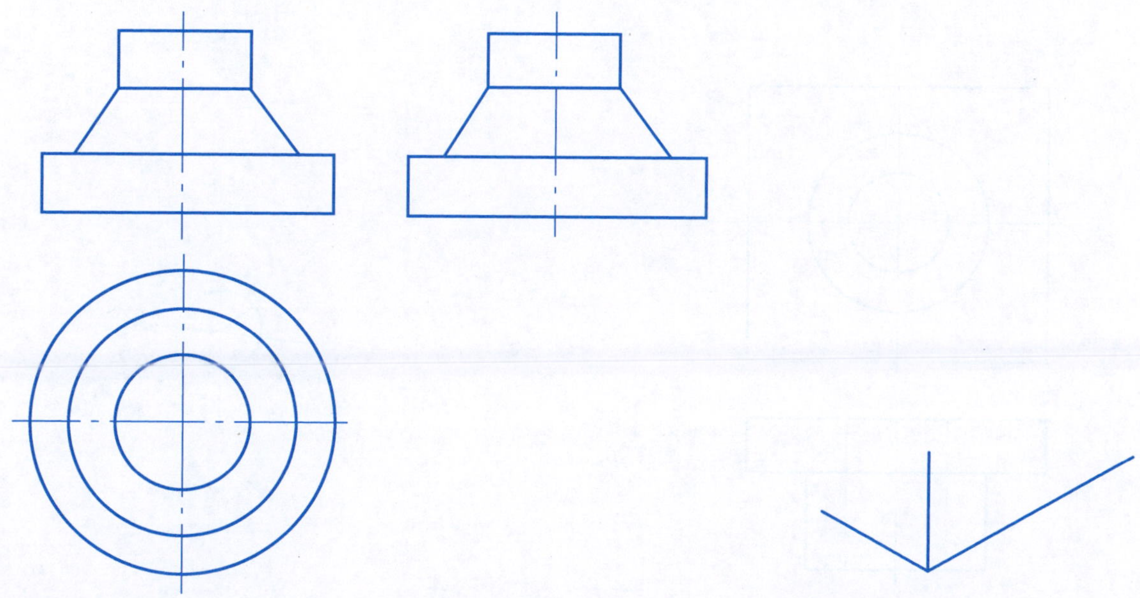

姓 名		班 级		学 号		成 绩		其 他	

4.2 正二等测投影

1. 作组合体的正二等轴测图。

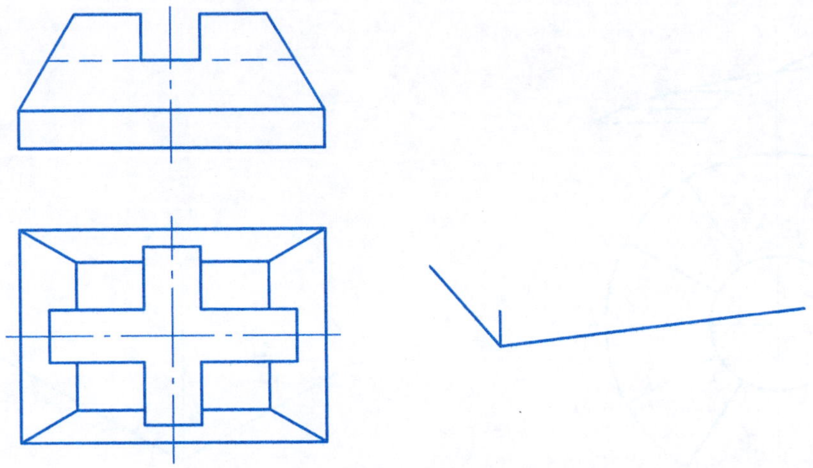

2. 作建筑形体的正二等轴测图。

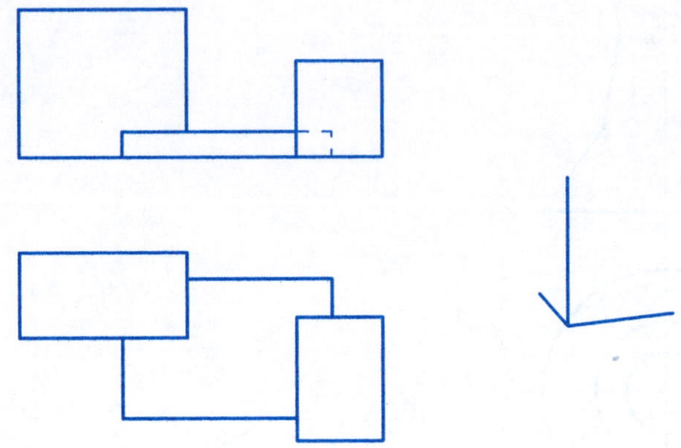

3. 作组合体的正二等轴测图。

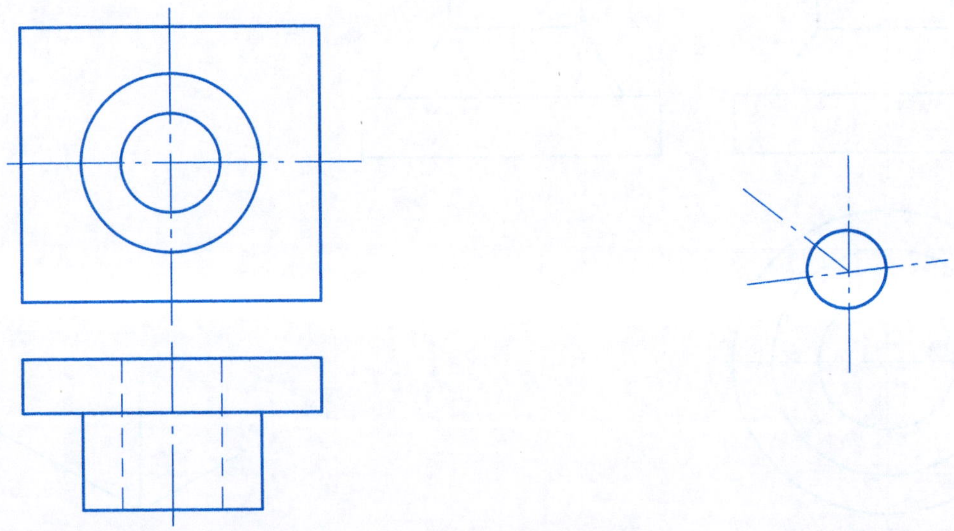

4. 作圆拱门的正二等轴测图。

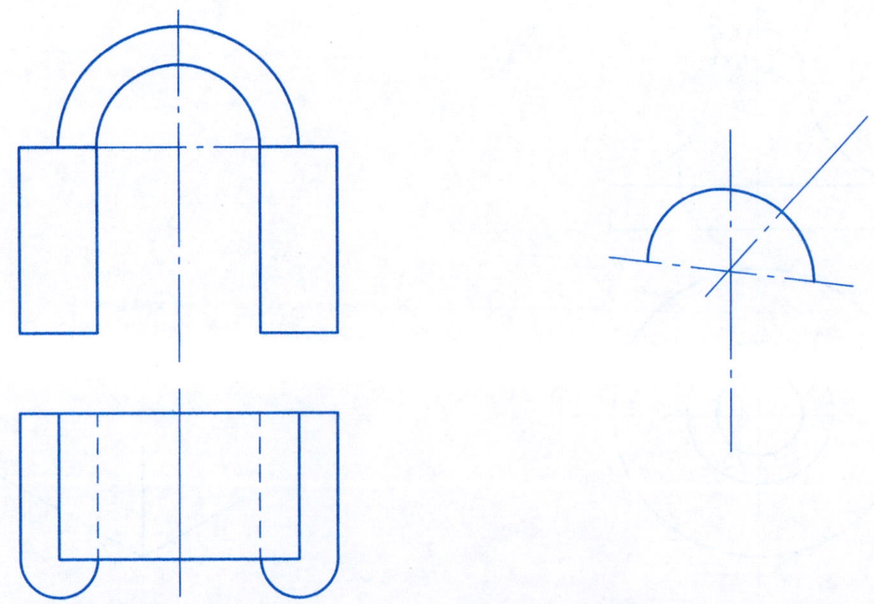

姓　名		班　级		学　号		成　绩		其　他	

4.3　正面斜二测

1. 作出组合体的正面斜二测图。

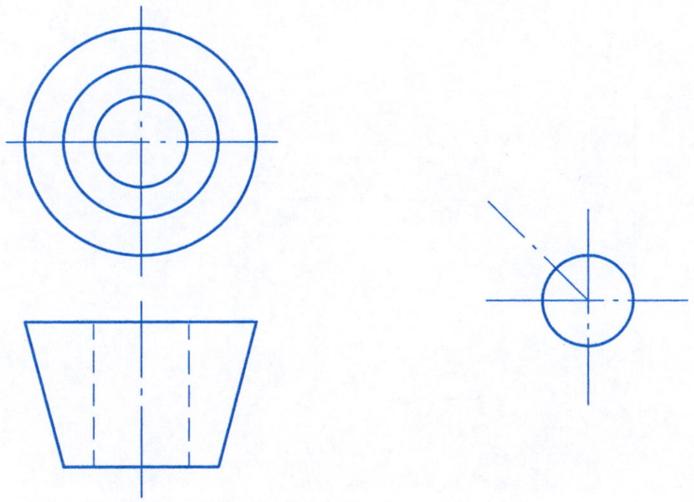

2. 作出景墙的正面斜二测图。

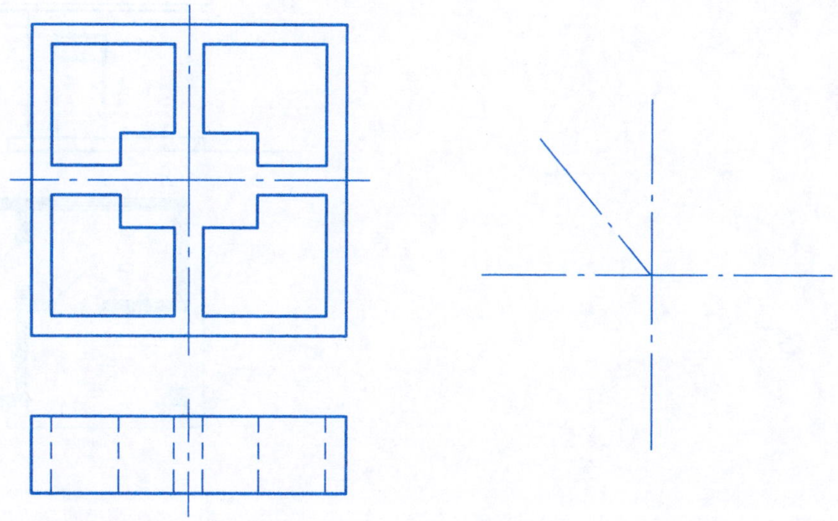

3. 作出组合体的正面斜二测图。

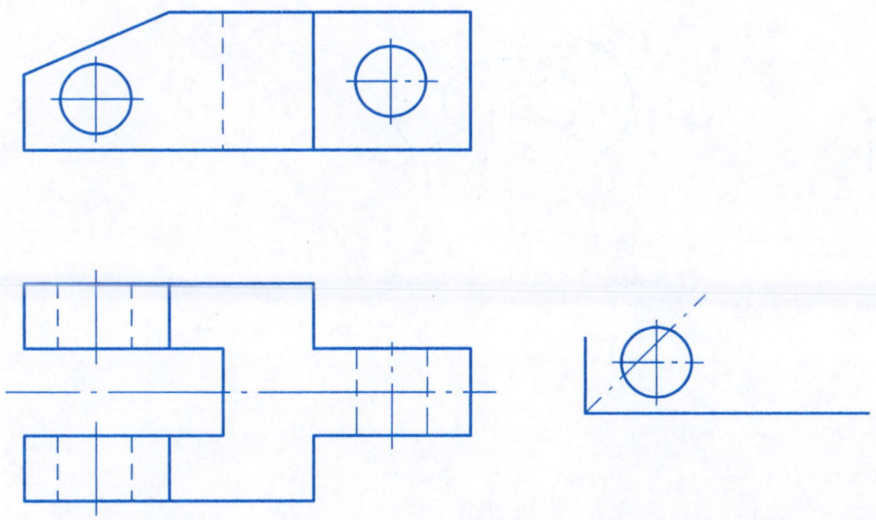

4. 作出门廊的正面斜二测图。

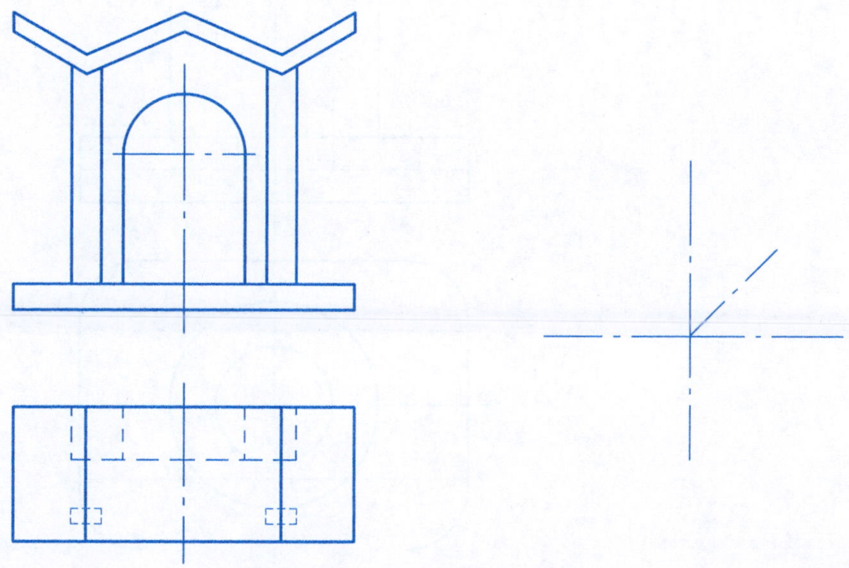

姓　名		班　级		学　号		成　绩		其　他	

4.4　水平斜等测投影

1. 画出房屋的水平剖切后的水平斜等测图(剖切平面高 13 mm)。

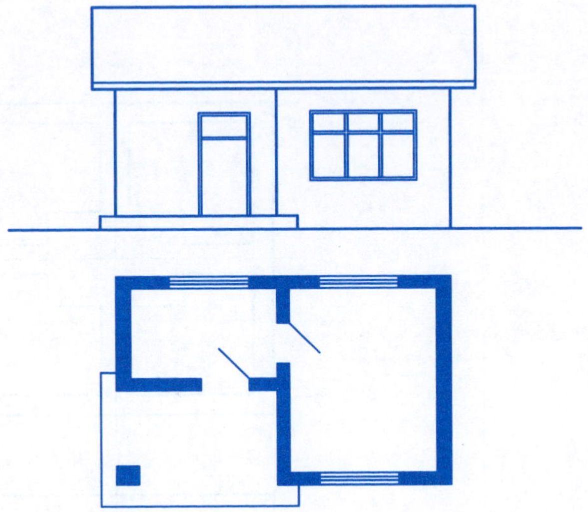

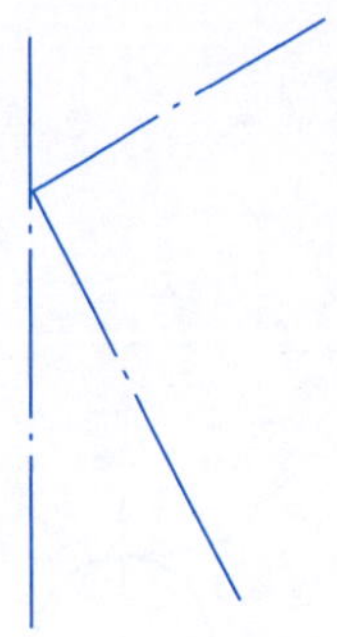

2. 作出剖切 1/4 的组合体的正等测投影图。

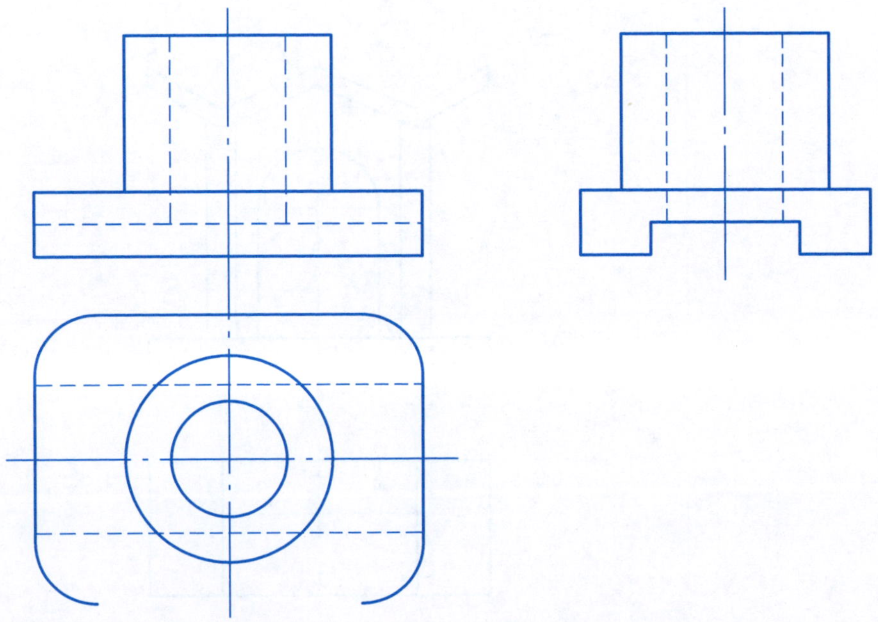

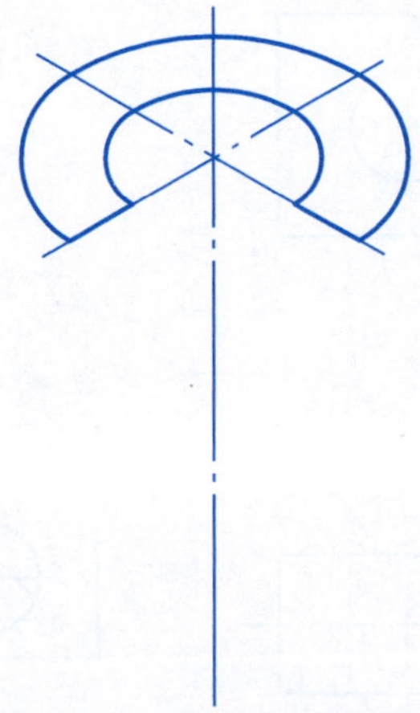

姓　名		班　级		学　号		成　绩		其　他	

4.4　水平斜等测投影

3. 根据所给游园的平立面图，作游园的效果图。（用正等测投影法）

姓　名		班　级		学　号		成　绩		其　他	

实训 4　根据所给游园的平立面图，作游园的效果图。（用正等测投影法）

游园的立面图

游园的平面图

5 阴影透视图

本章导读 本章是培养和学习阴影与透视图的入门理论，主要学习常用阴影与透视图的概念、类型、绘制方法和作图步骤，以及在园林制图当中的主要应用。

中心内容

1）基本概念

（1）阴影 物体迎光部分的表面被直接照亮，称为阳面；背光部分的表面由于不能直接受光，是阴暗的，称为阴面，简称阴。由于物体遮断了一束光线，使承影面上部分表面因被阻挡而不能直接受光，造成的阴暗部分称为影子或落影，简称影，阴影应该是阴和影的合称，产生阴影的要素是光线、物体、承影面。

（2）透视 透视投影与轴测投影一样，都是一种两面投影，不同的是轴测投影用平行投影法画出，而透视投影则是用中心投影法绘制。

（3）轴向缩短率（轴向变形系数） 空间物体平行于坐标轴方向的真实长度与轴测投影图中对应线段的长度的比值称为轴向缩短率。

2）透视图的分类

（1）一点透视 画面平行于透视对象的一个坐标面 XOZ，则 OY 轴垂直于画面。与 OY 轴平行的直线的透视汇聚于视平线上的一个灭点；而 OX 轴和 OZ 轴平行于画面，与它们平行的直线无灭点，因而透视中只有一个灭点，称为一点透视。

（2）两点透视 画面平行于透视对象的一个坐标轴 OZ 而与其余两坐标轴 OX，OY 成一定的角度，因而具有两个灭点，称为两点透视。

（3）三点透视 画面与投影对象 3 个坐标轴都不平行，因而具有 3 个灭点，称三点透视。

3）阴影与透视的绘制方法

（1）阴影的绘制方法 阴影作图，实质上是求形体的阴线和影线。阴线是光柱面和形体表面的切线；影线是光柱面和承影面的交线；由于阴线和影线属于同一光柱面，所以阴线的落影就是影线。因此，阴线的作图，实质是引光线和形体表面相切，并求切点；影线的作图，实质是把这些光线继续延长，并求它们与承影面的交点。所以，阴影作图问题的实质是直线（光线）与形体表面相切，以及直线（光线）与承影面相交的问题。

（2）透视的绘制方法 绘制形体透视图的常用方法有视线迹点法（建筑师法）、量点法、网格法、距点法等。现以最常用的两种方法进行说明。

①视线迹点法

a. 一点透视

- 布局。确定站点的位置和视点的高度，确定视平线，找出宽度方向的灭点。
- 作出形体底面的透视。
- 竖高度。确定形体的高度，作出透视。
- 求出其他细部的透视。
- 绘制透视图底稿线。
- 检查底稿是否有误，然后加深图线，完成透视图。不可见部分通常给予省略，而不绘虚线。

b. 两点透视

- 确定画面和视点的位置，即先进行合理布局。
- 确定视平线和视角，确定视平线 hh 即确定它与基线的距离，也就是确定视点高度，在画面上用与建筑物平面图同样的比例画出。确定视角，一般要求视角在 28°～30°范围内且主视线必须大致是视角的分角线，这样所画出的透视图效果较好。
- 求水平线的灭点。
- 求形体底面的透视。
- 竖高度。
- 求出其他细部的透视。
- 检查底稿是否有误，然后加深图线，完成透视图。不可见部分通常给予省略，而不绘虚线。

②网格法

- 把建筑物或区域规划平面图包围在一个正方形或长方形内。
- 把这个正方形或长方形分成更小的正方形网格，网格大小视图面复杂程度而定。网格愈密，精度愈高，所以常在局部变化较多的地方采用大网格套小网格的办法。
- 画出所给定的网格的透视。
- 把平面图上一系列的点按格子变化的趋势描绘到网格透视图的相应位置上，把各个点连接起来，便可得到平面图的透视。
- 过网格的透视平面图上各个点竖高度，即得建筑物或区域规划的透视。

姓 名		班 级		学 号		成 绩		其 他	

5.1 阴影

1. 求作点 A、B 在习用光线下的落影。

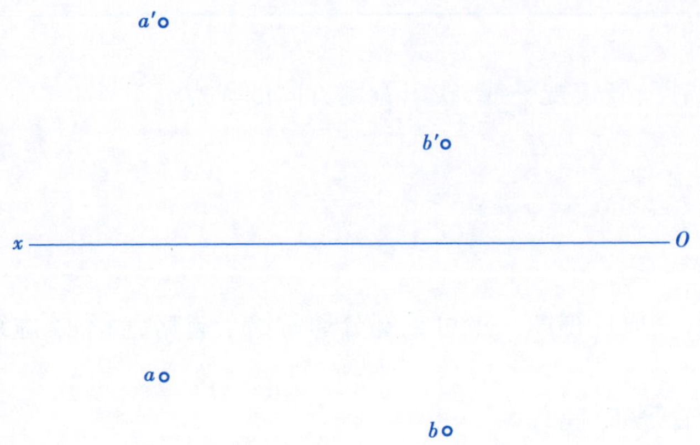

2. 求作点 A、B、C 在光线 L 照射下的落影。

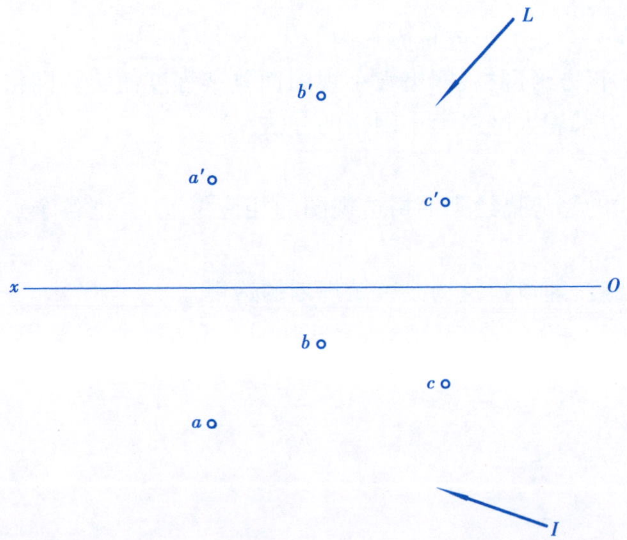

3. 求点在 P 面上的落影，光线为习用光线。

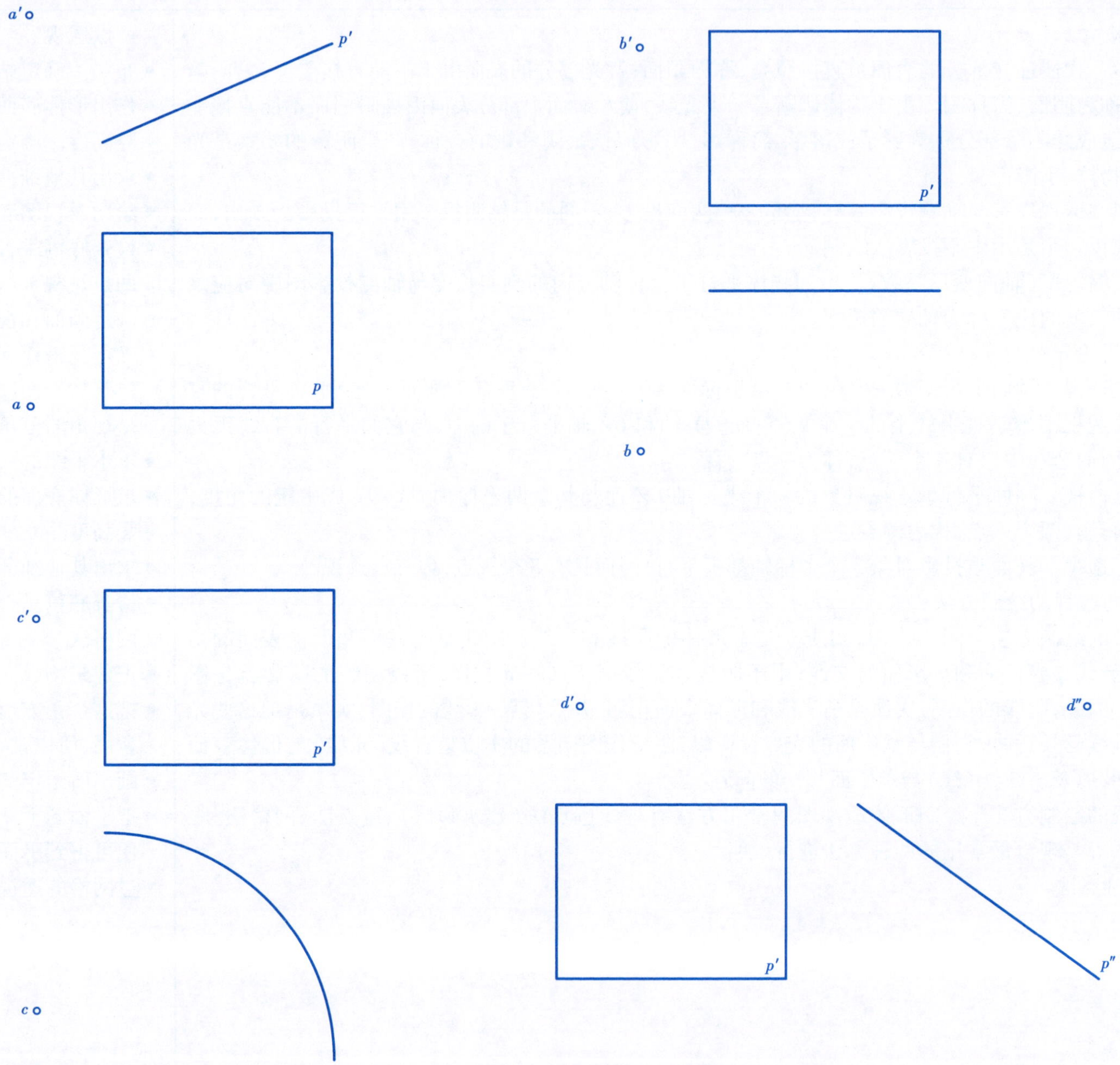

姓 名		班 级		学 号		成 绩		其 他	

5.1 阴影

4. 求作直线线段的落影，光线为习用光线。

(1)

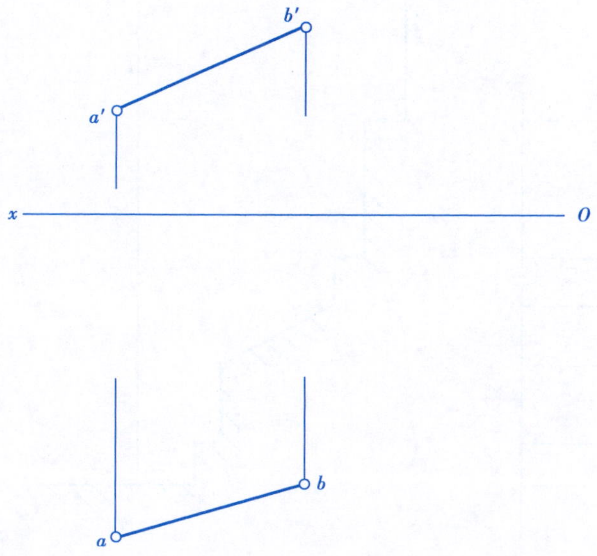

(2)

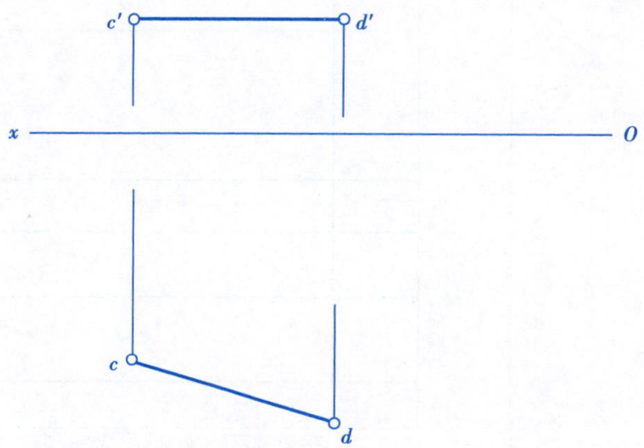

(3)

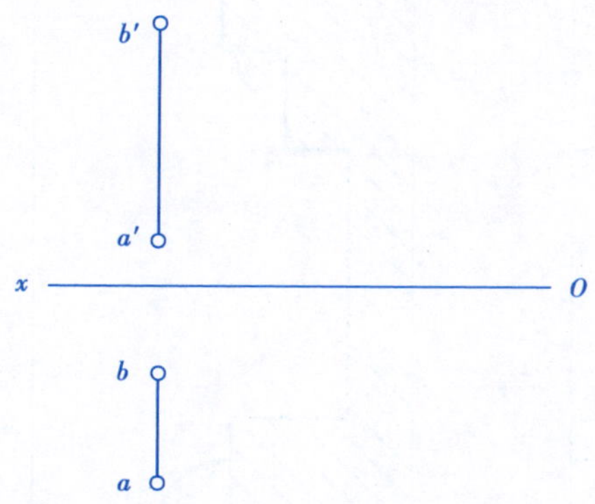

(4)

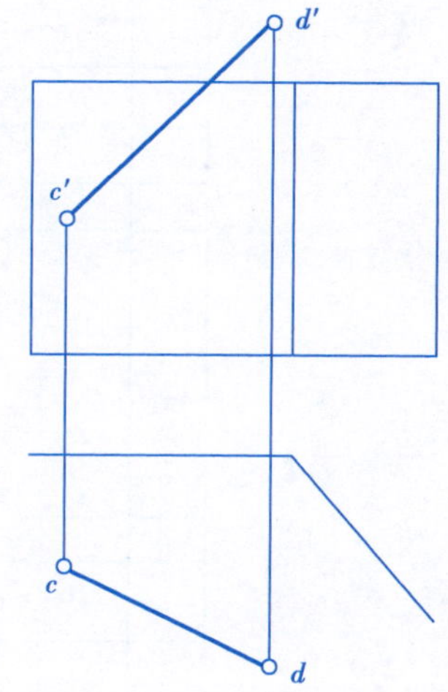

5. 求作折线 *ABC* 在两坡屋面上的落影。

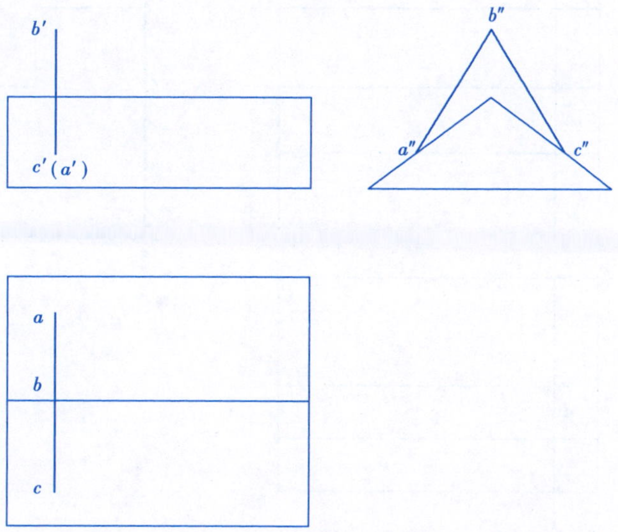

6. 求作折线 *DEF* 在折面上的落影。

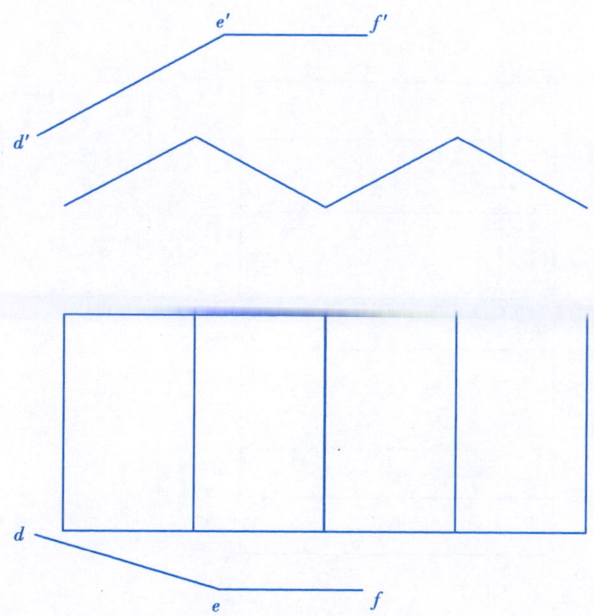

姓名		班级		学号		成绩		其他	

5.1 阴影

7. 求作铅垂线 AB 的落影。

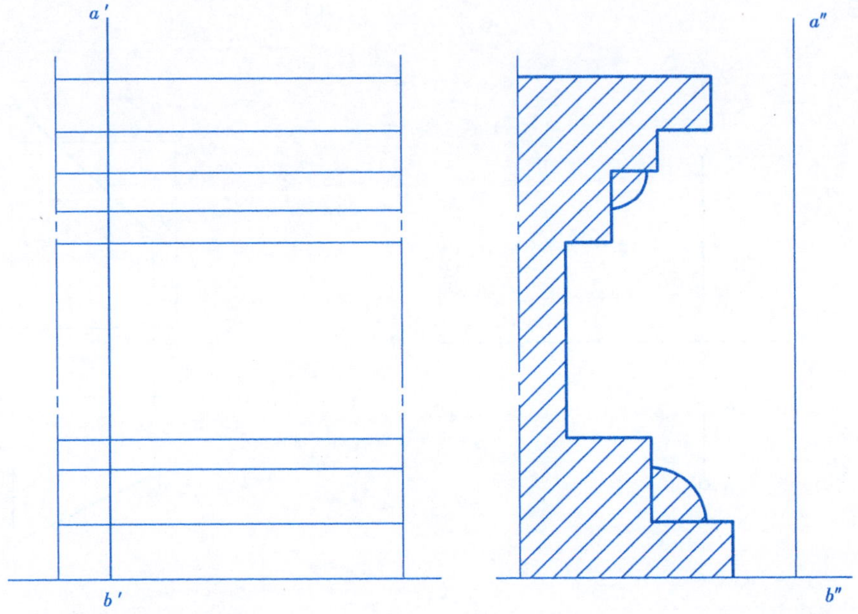

8. 求作直线 AB 在组合形体上的落影。

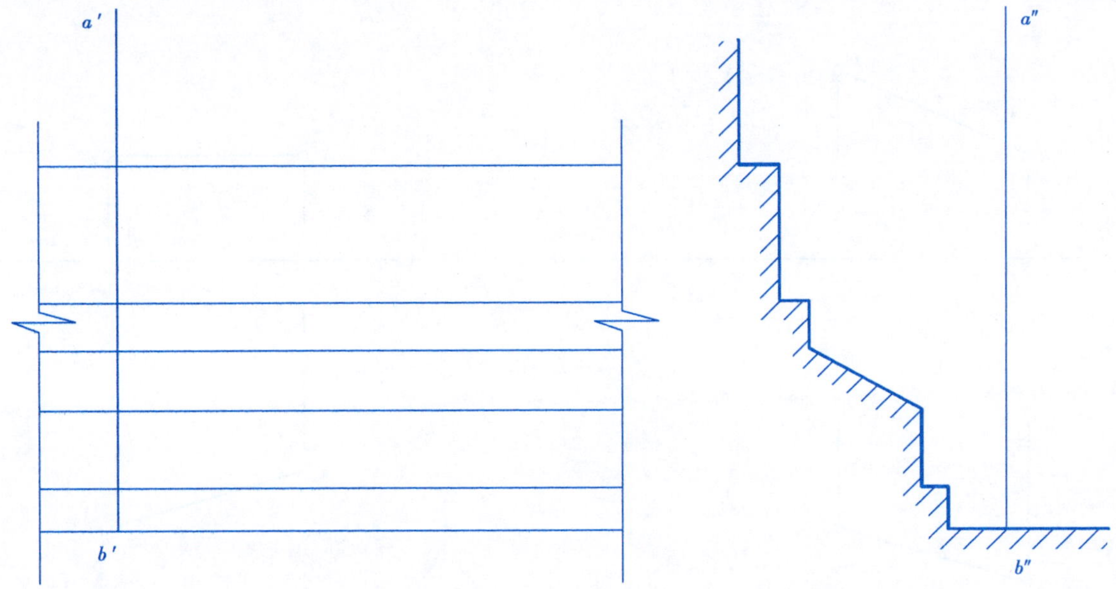

9. 求作 AB 直线在地面和柱面上的落影。

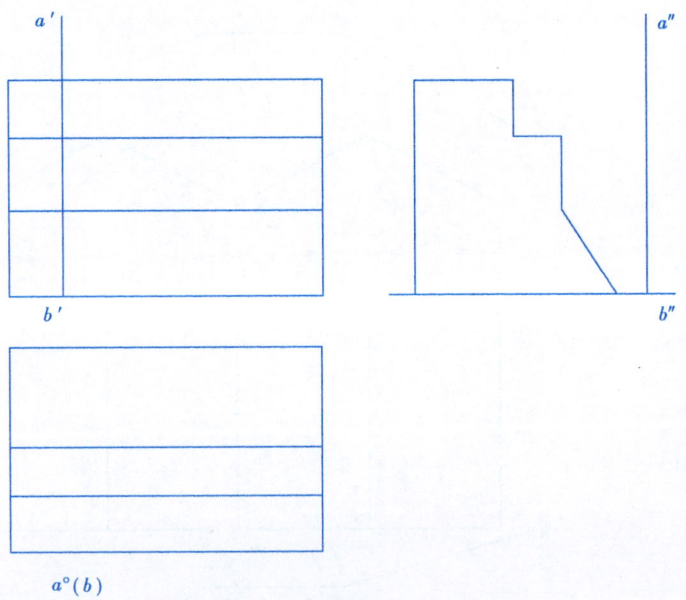

10. 求作折线 $CDEF$ 在墙面、地面及台阶形柱面上的落影。

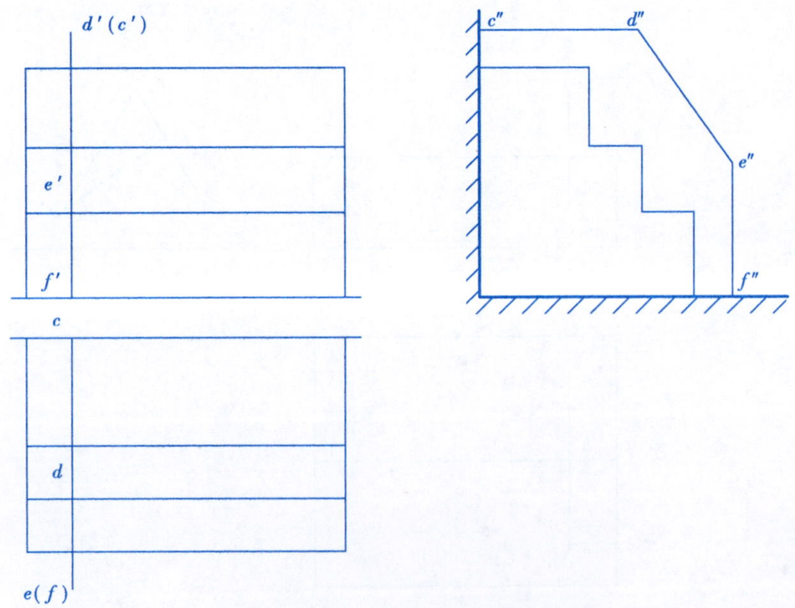

姓　名		班　级		学　号		成　绩		其　他	

5.1　阴影

11. 求作平面在习用光线下的落影。

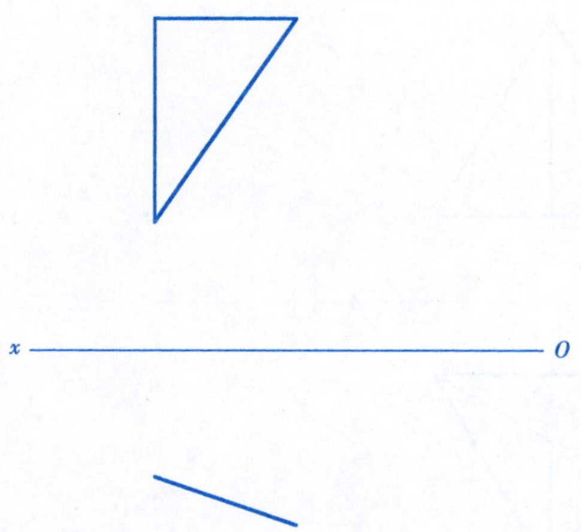

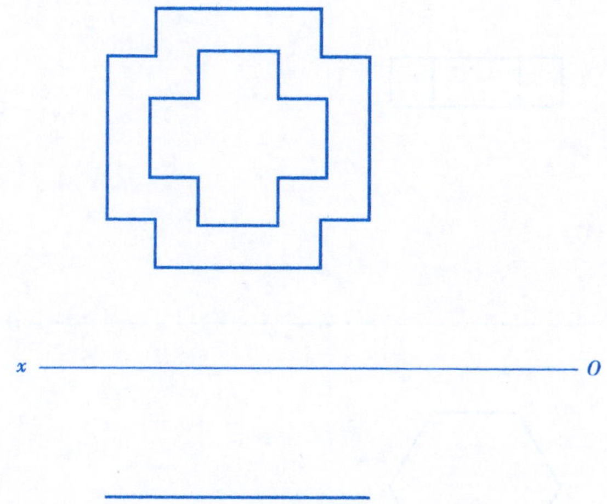

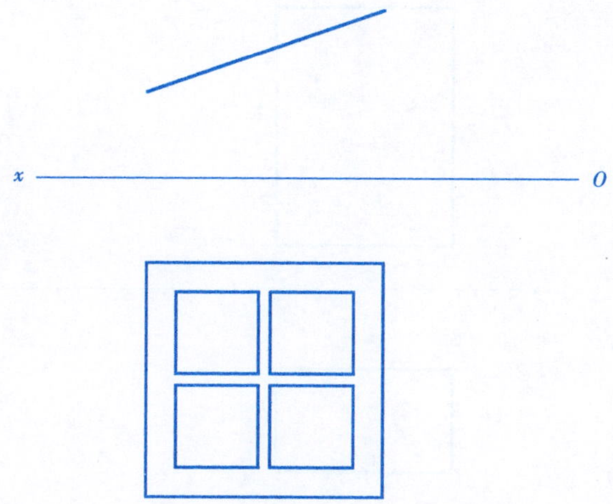

12. 求作三角形在墙面的落影。

13. 求作长方形在台阶上的落影。

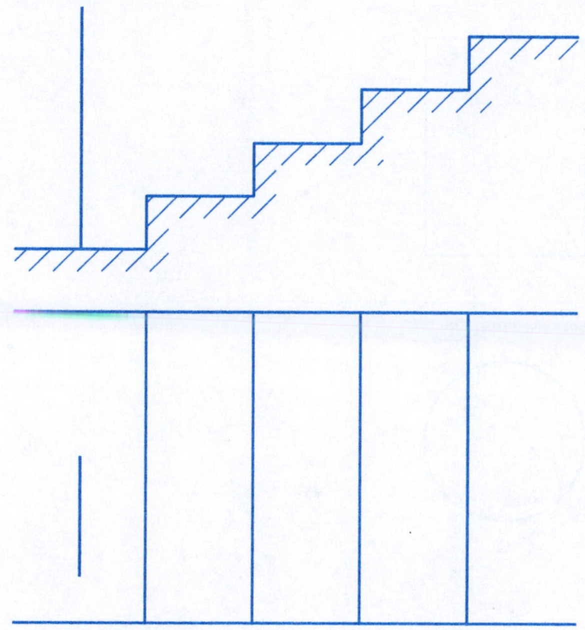

姓 名		班 级		学 号		成 绩		其 他	

5.1 阴影

14. 求作平面立体在习用光线下的落影。

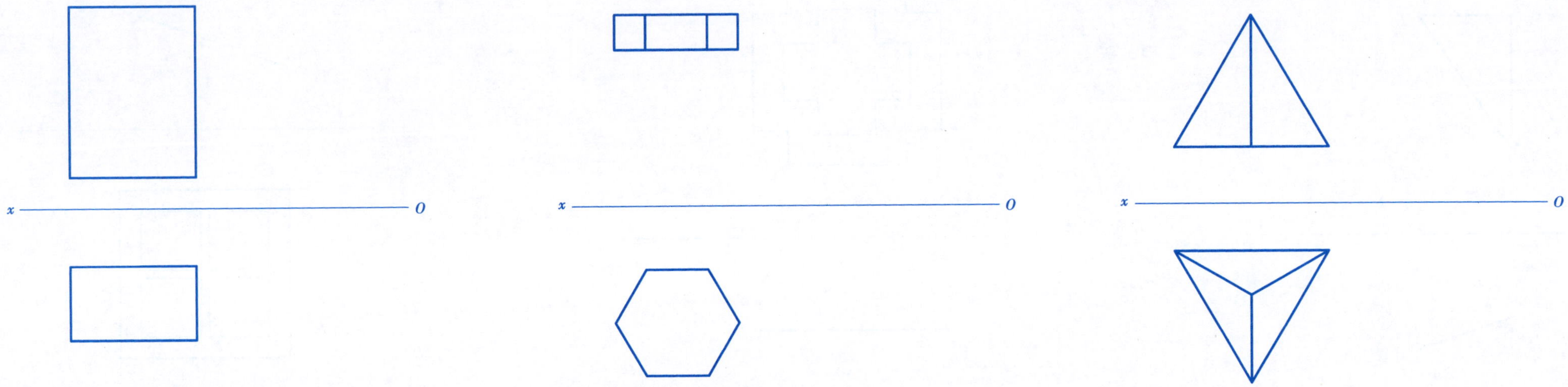

15. 求作曲面立体在习用光线下的落影。

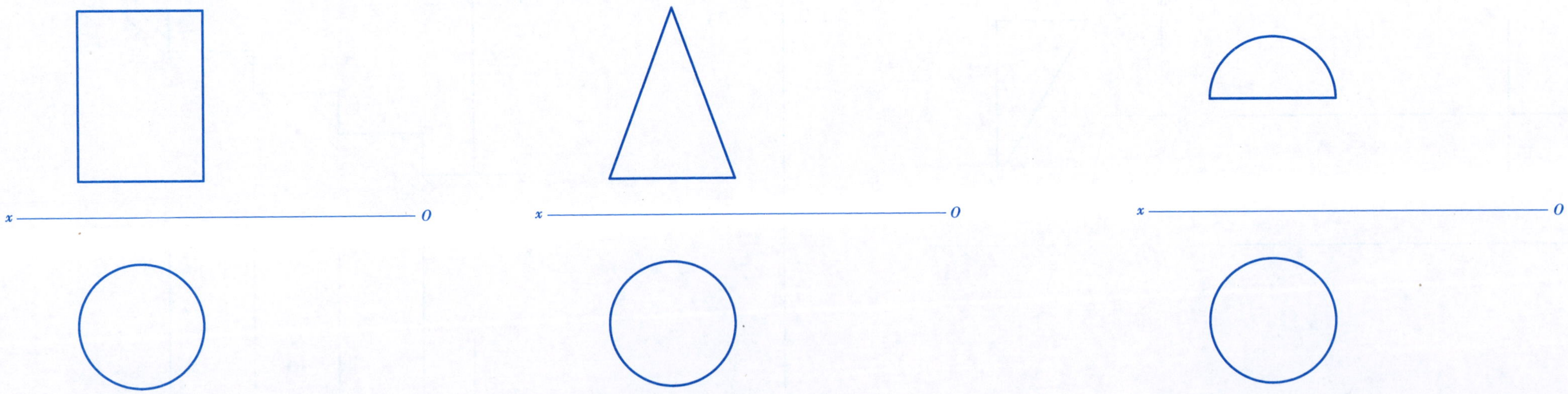

姓　名		班　级		学　号		成　绩		其　他	

5.1　阴影

16. 求组合形体的落影。

(1)

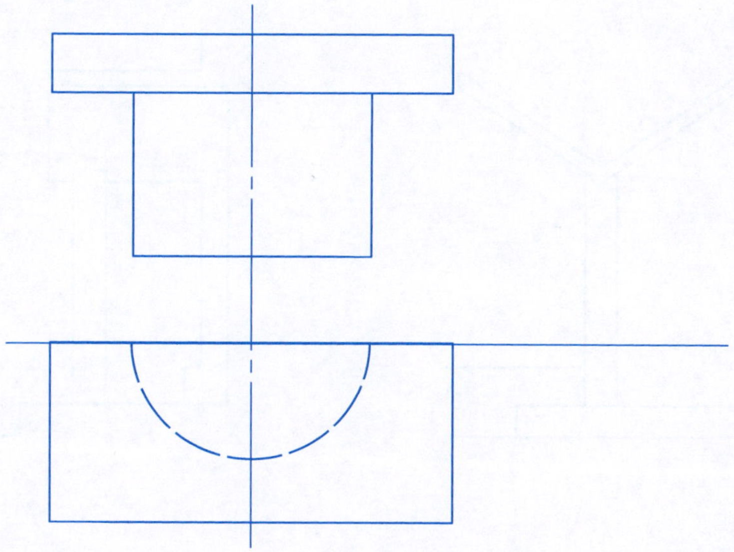

(2)

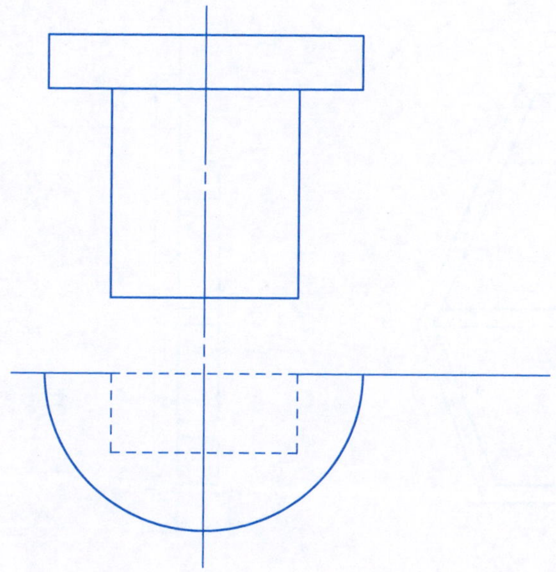

17. 求作台阶的落影。

(1)

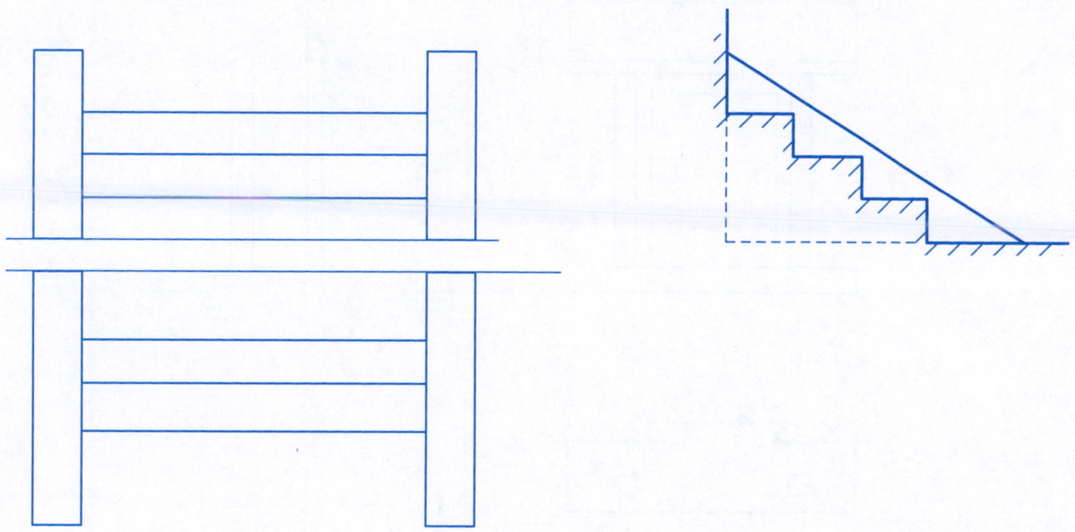

(2)

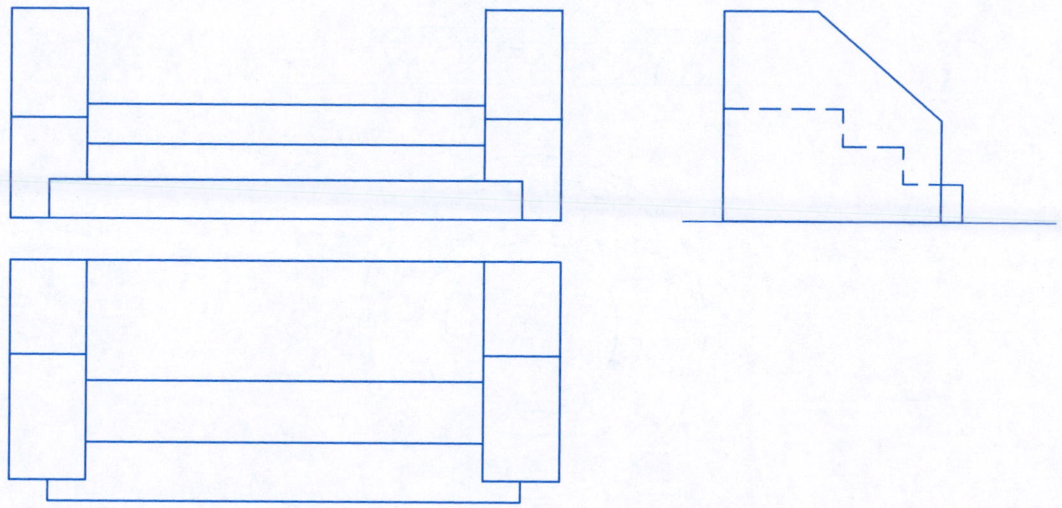

姓　名		班　级		学　号		成　绩		其　他	

5.1　阴影

18. 求作花格窗的落影。

(1)

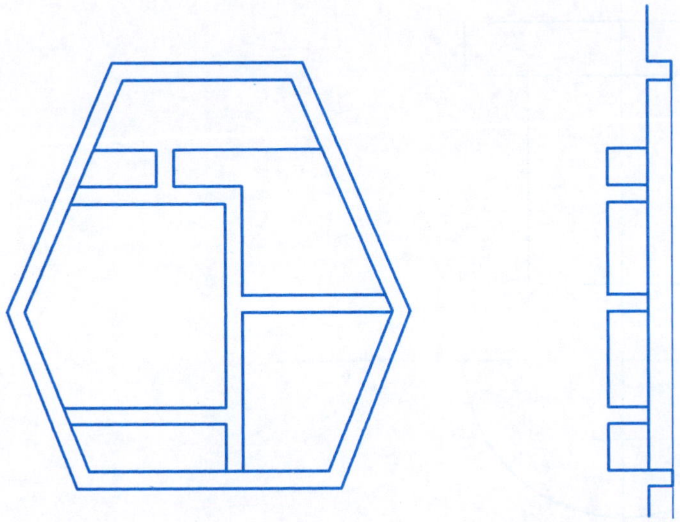

(2)

19. 求作花坛的落影。

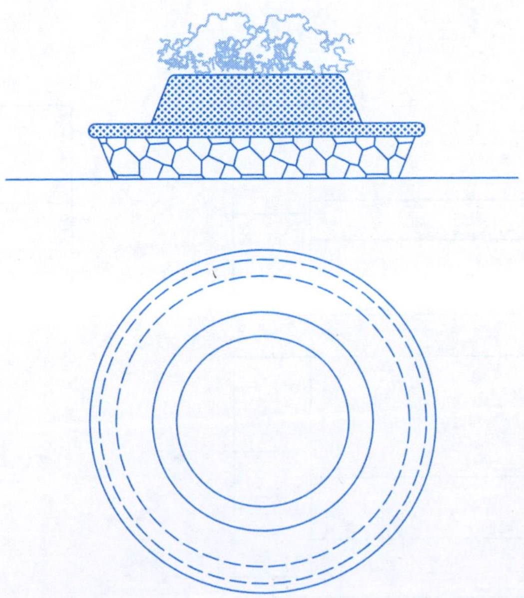

20. 求作门廊的落影。

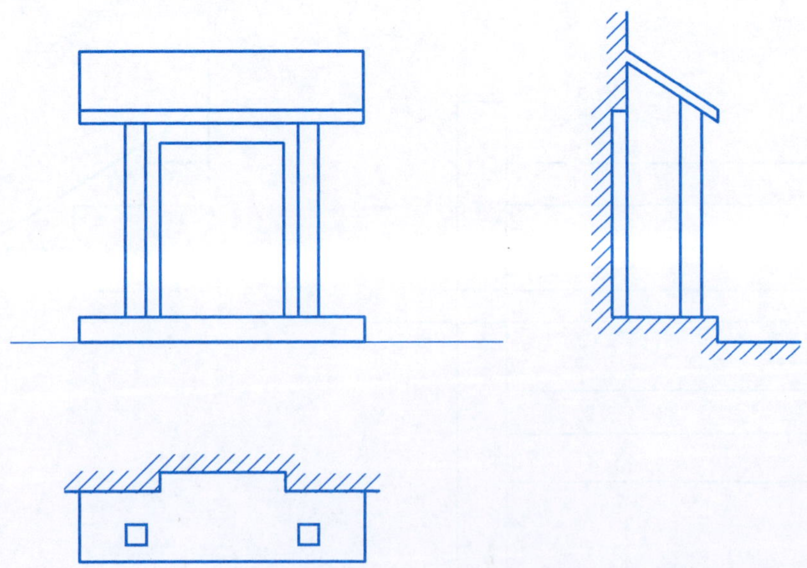

姓 名		班 级		学 号		成 绩		其 他	

5.1 阴影

21. 求作门洞及雨篷的立面落影。

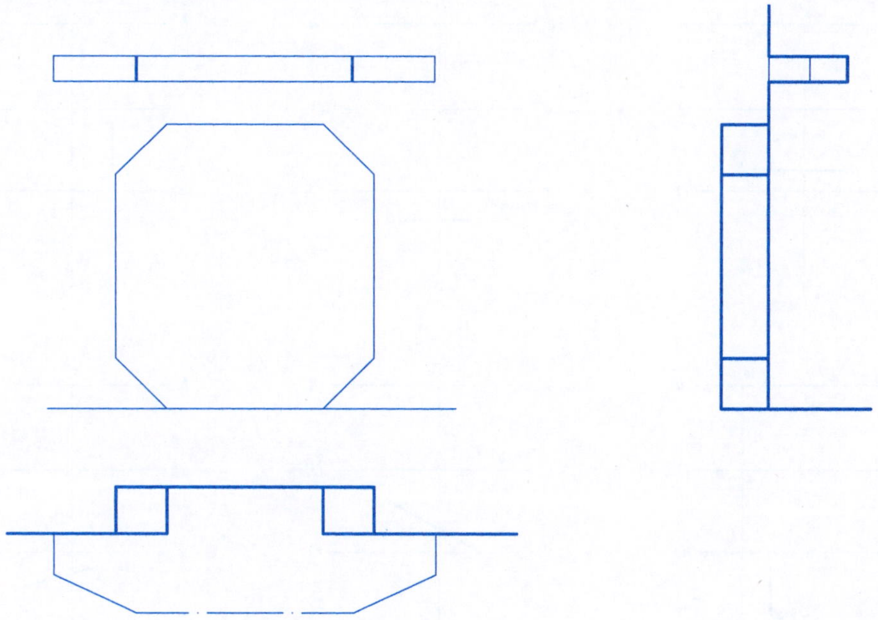

22. 求作阳台、门、窗和雨篷的落影。

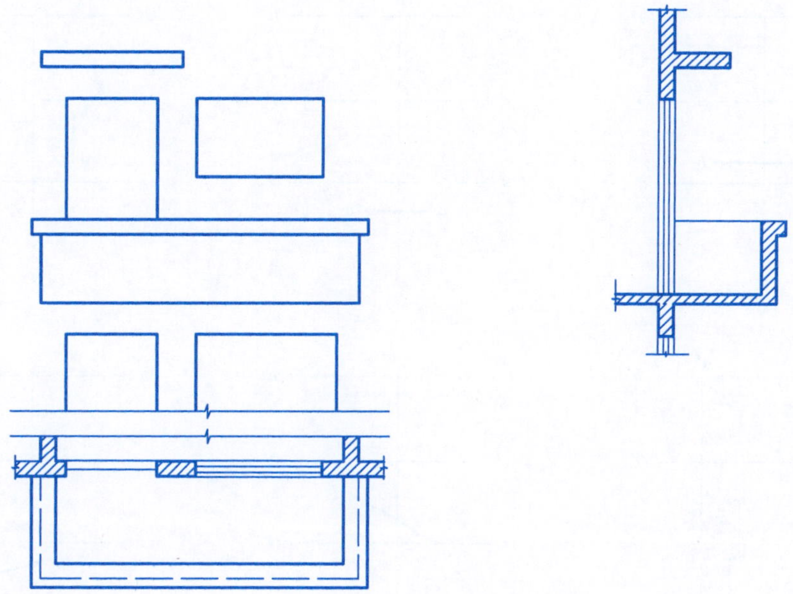

23. 求作房屋轮廓的落影。

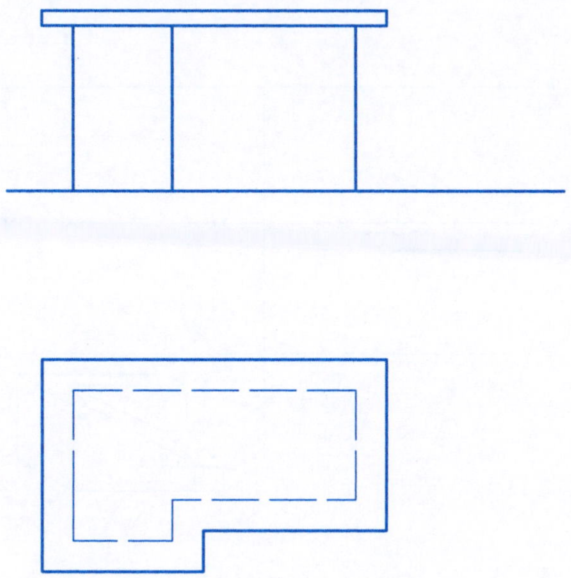

24. 求作花架正、侧面的落影。

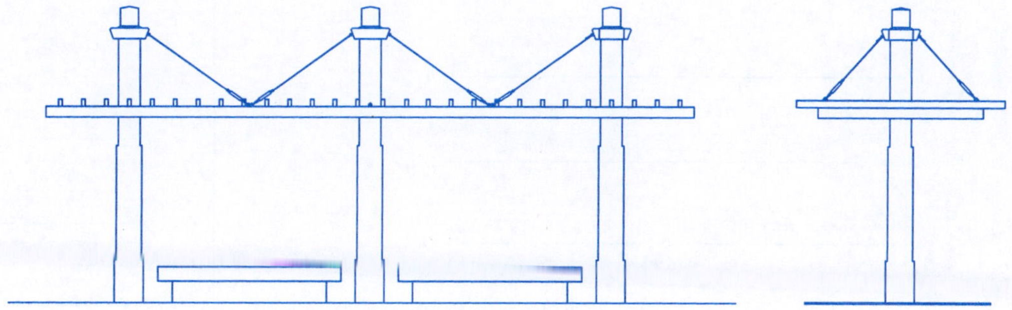

姓 名		班 级		学 号		成 绩		其 他	

5.2 透视

1. 基面上直线 AB 的透视。

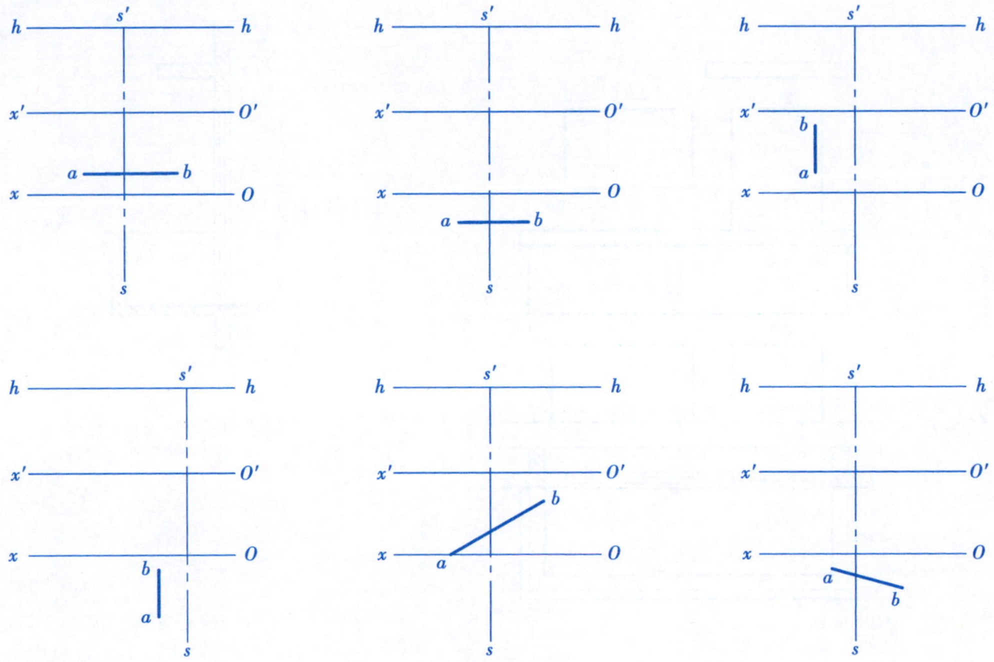

2. 水平线 AB 距基面 20 mm，求 AB 的透视。

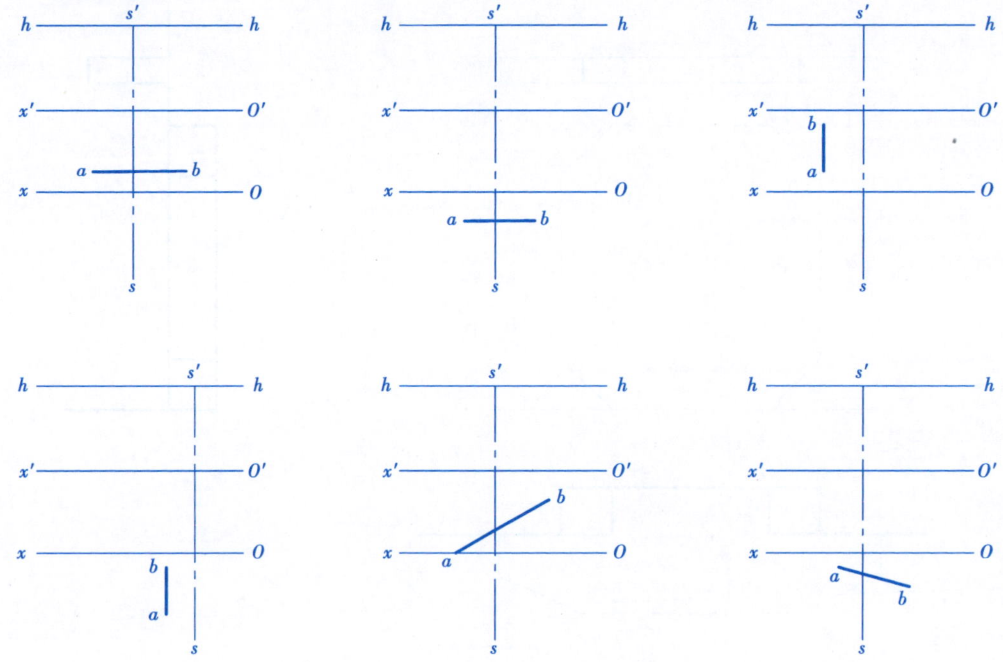

3. 铅垂线 AB 长 25 mm，A 在基面上；铅垂线 CD 长 30 mm，C 点在基面上；EF 长 20 mm，E 点距基面 5 mm，求 AB、CD、EF 的透视。

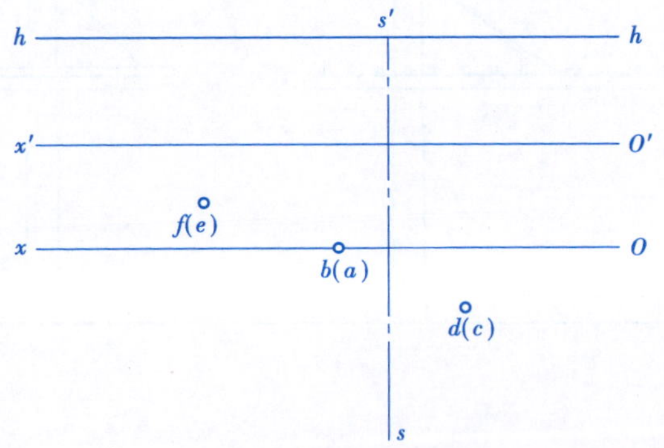

4. 求直线的透视。

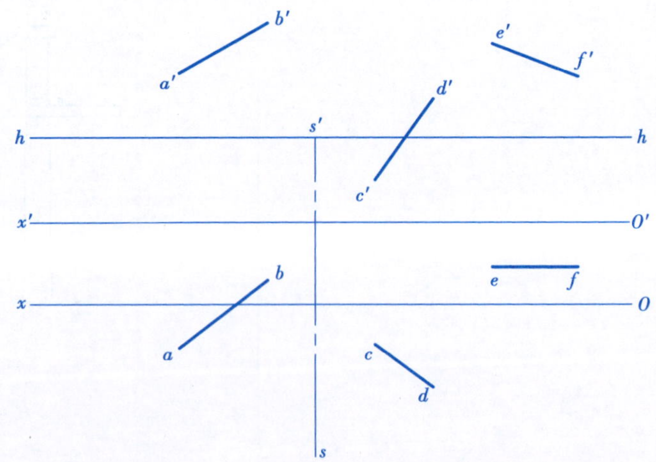

5. 画面平行线 AB 下端 A 高 21 mm，倾角 α 为 30°，求透视 $A°B°$。

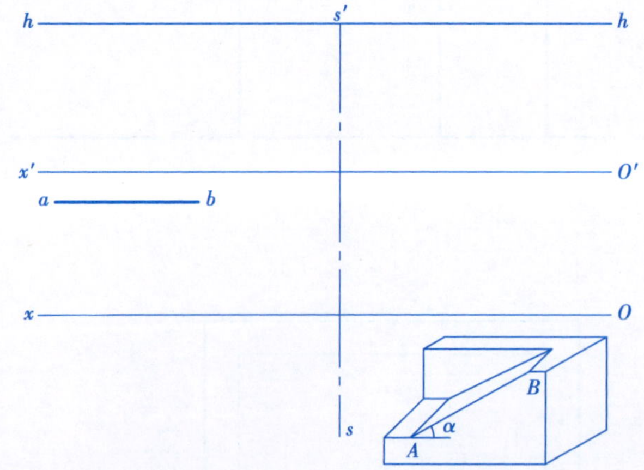

姓　名		班　级		学　号		成　绩		其　他	

5.2　透视

6. 已知基面上有一矩形 *ABCD*，*AB* 长 30 mm，*BC* 长 15 mm，*AB* 在画面上，*CD* 在画面后；视距 30 mm，视高 15 mm，视点正对 *AB* 中点，求矩形 *ABCD* 的透视。

7. 求平面的透视。

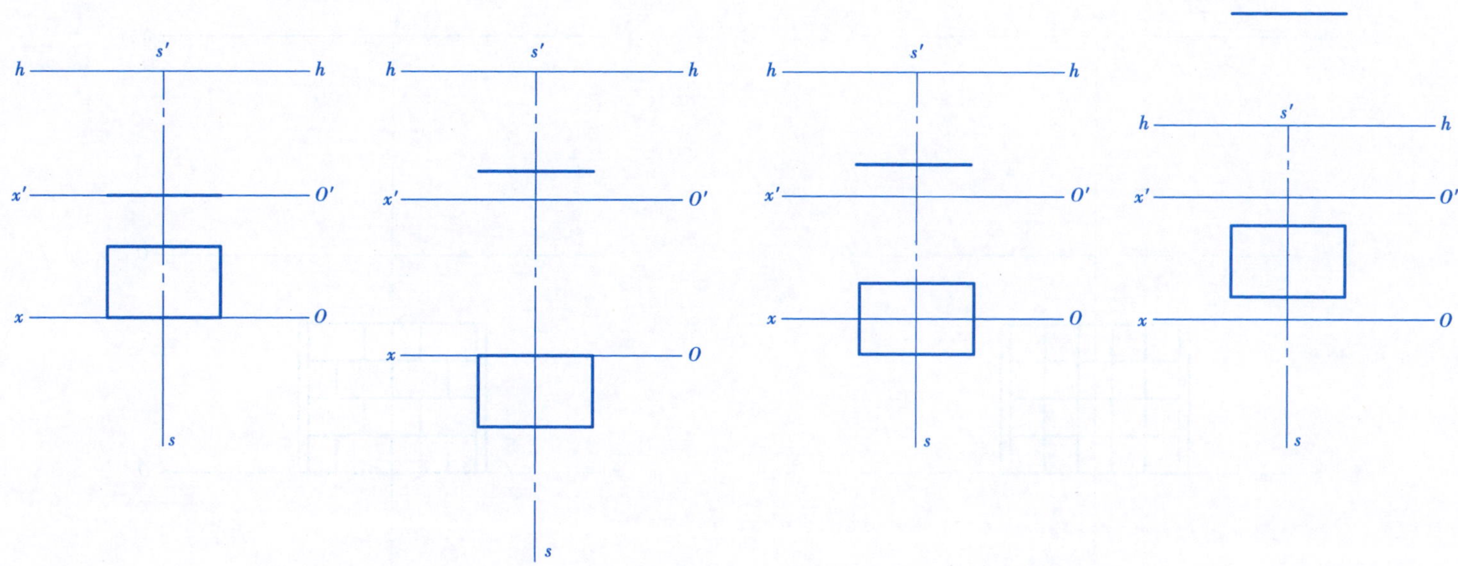

8. 求平面的透视。

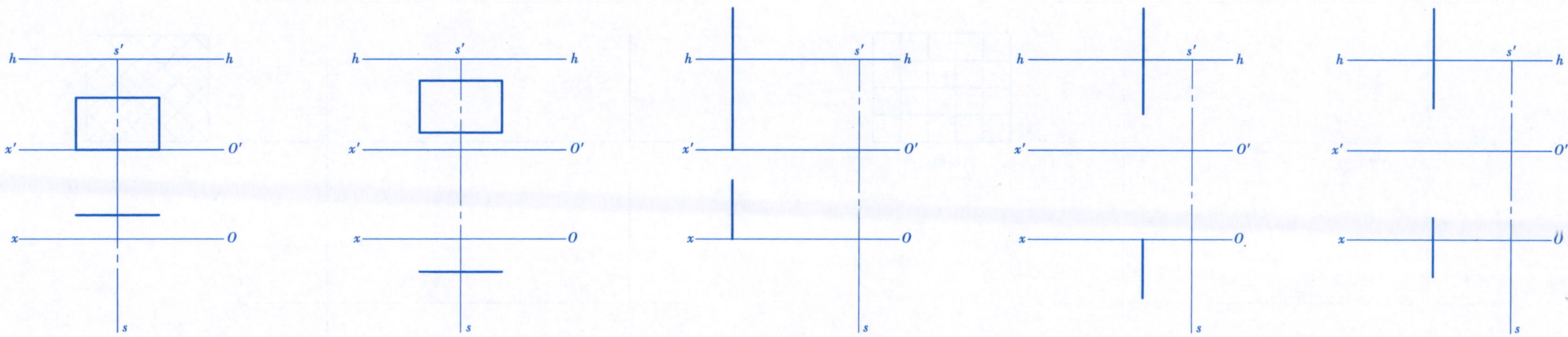

姓 名		班 级		学 号		成 绩		其 他	

5.2 透视

9. 求道路铺装的透视。

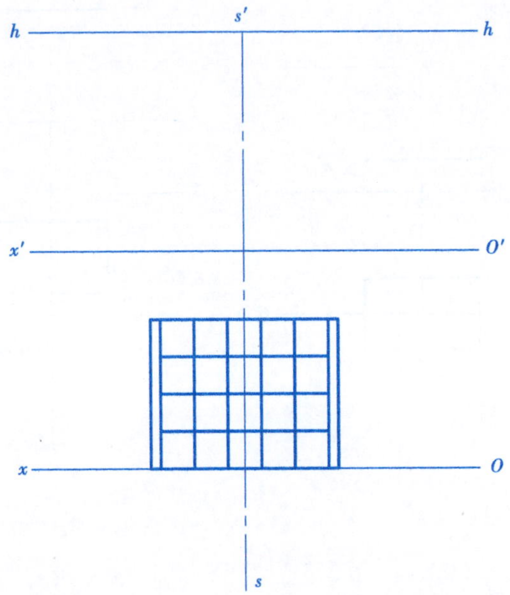

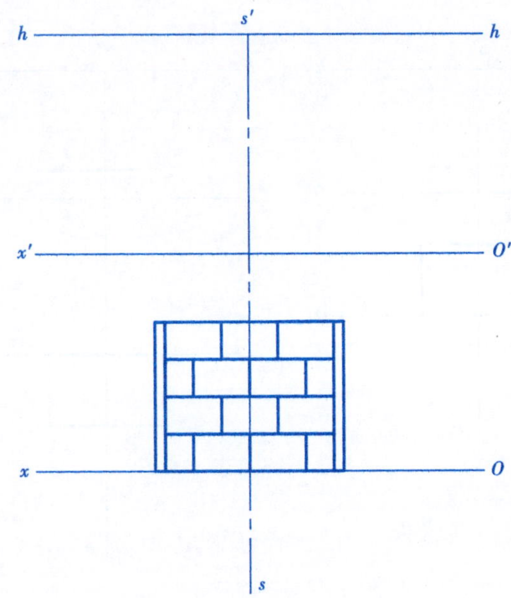

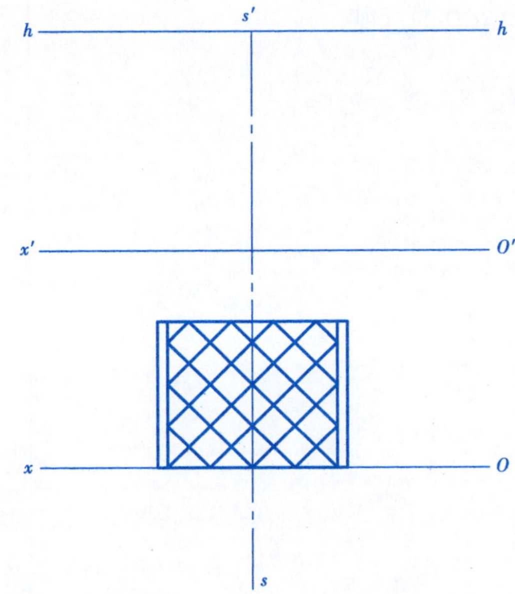

10. 求立面网格的透视。

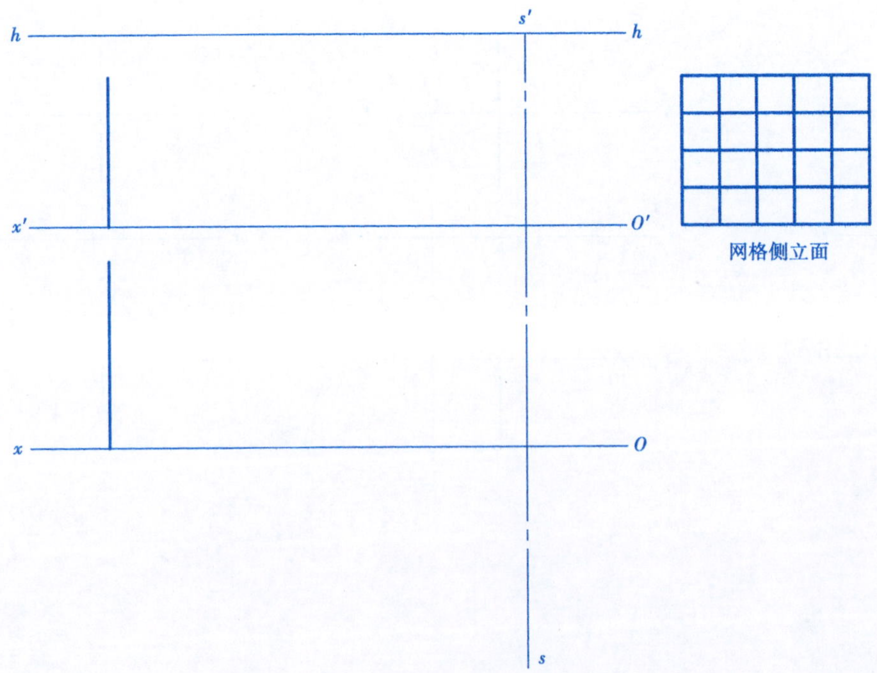

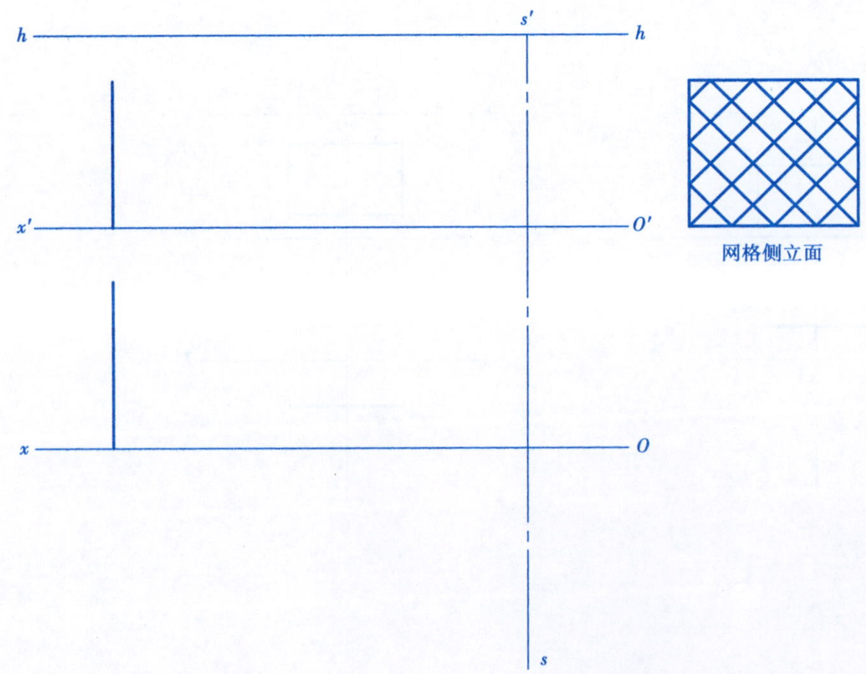

姓 名		班 级		学 号		成 绩		其 他	

5.2 透视

11. 求长方体的一点透视。

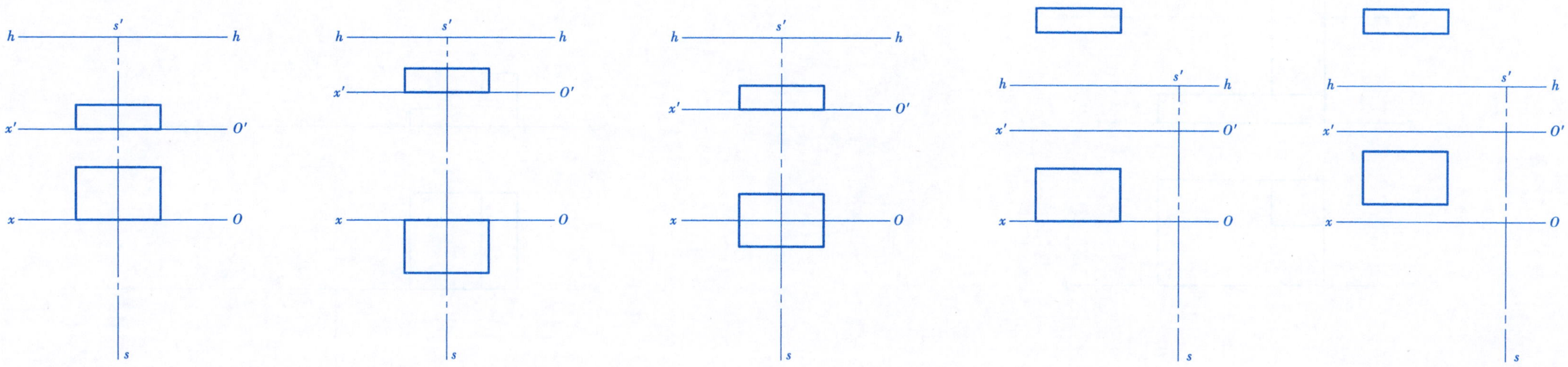

12. 求几何体的一点透视。

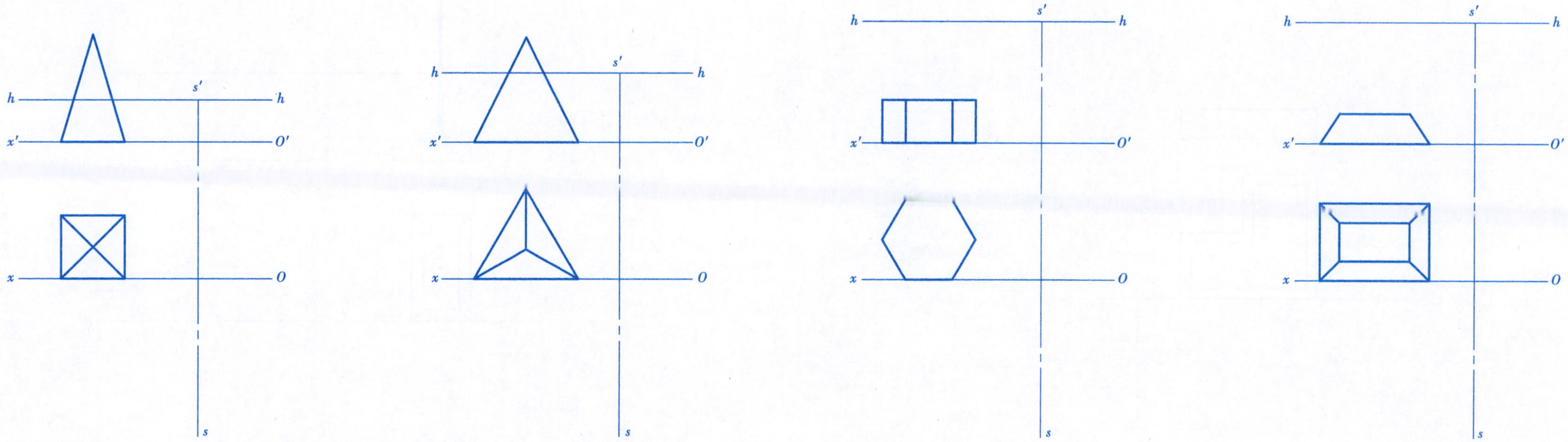

姓 名		班 级		学 号		成 绩		其 他	

5.2 透视

13. 绘制组合体的一点透视。

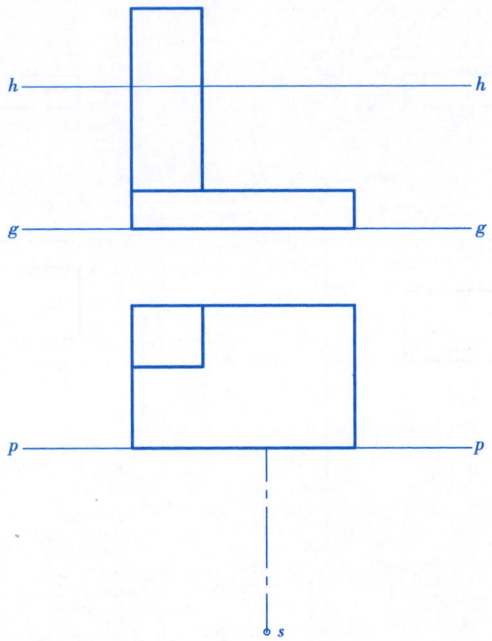

14. 求台阶的一点透视。

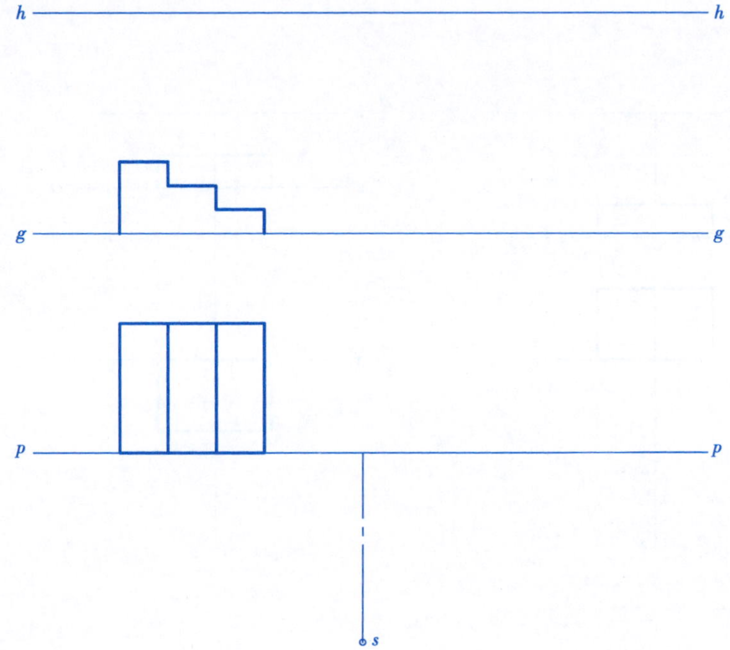

15. 绘制花池的一点透视。

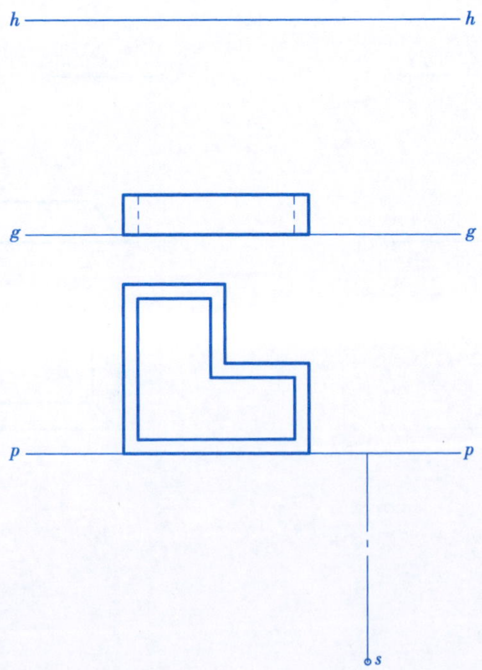

16. 求升旗台的一点透视。

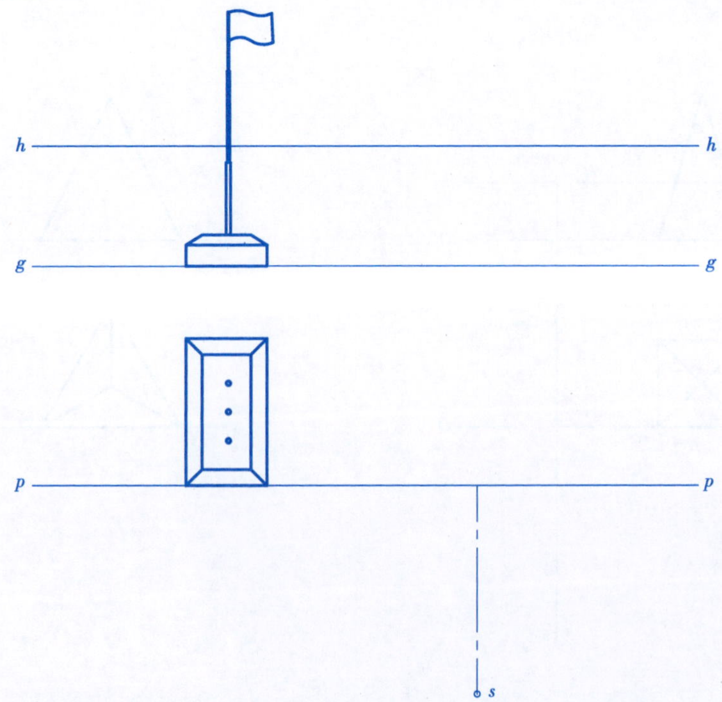

姓 名		班 级		学 号		成 绩		其 他	

5.2 透视

17. 求室内的一点透视。

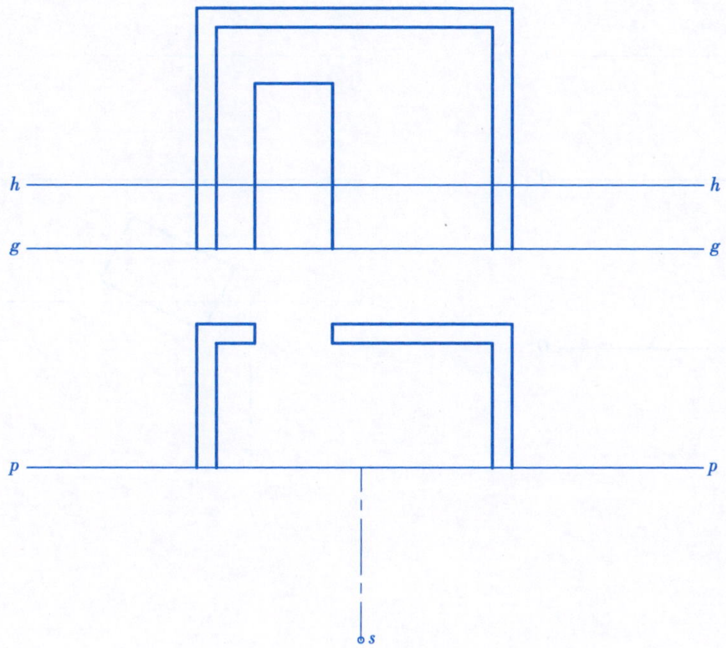

18. 求栏板的一点透视。

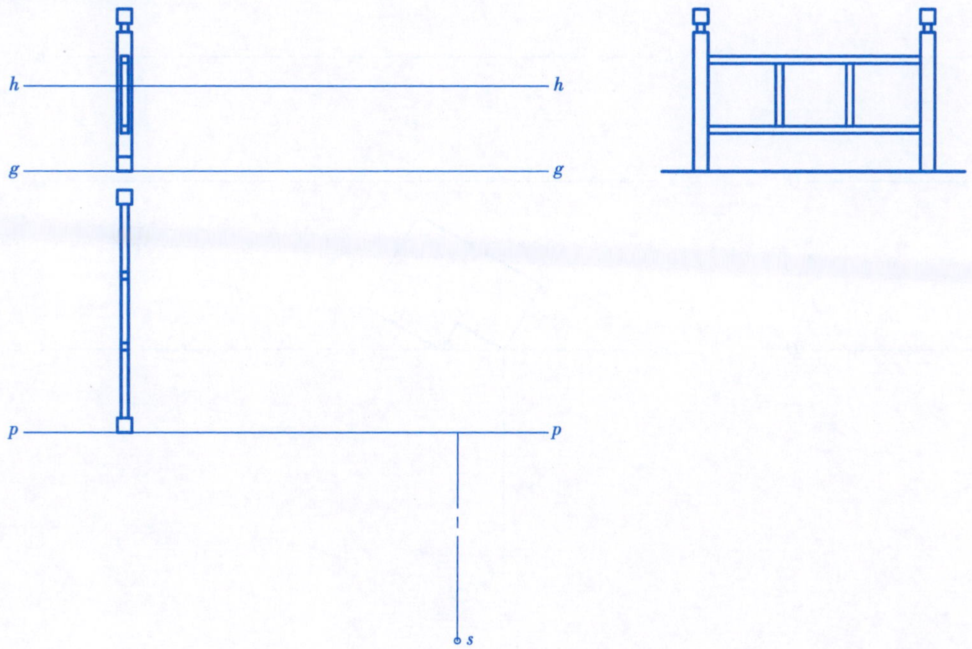

19. 绘制廊架的一点透视。

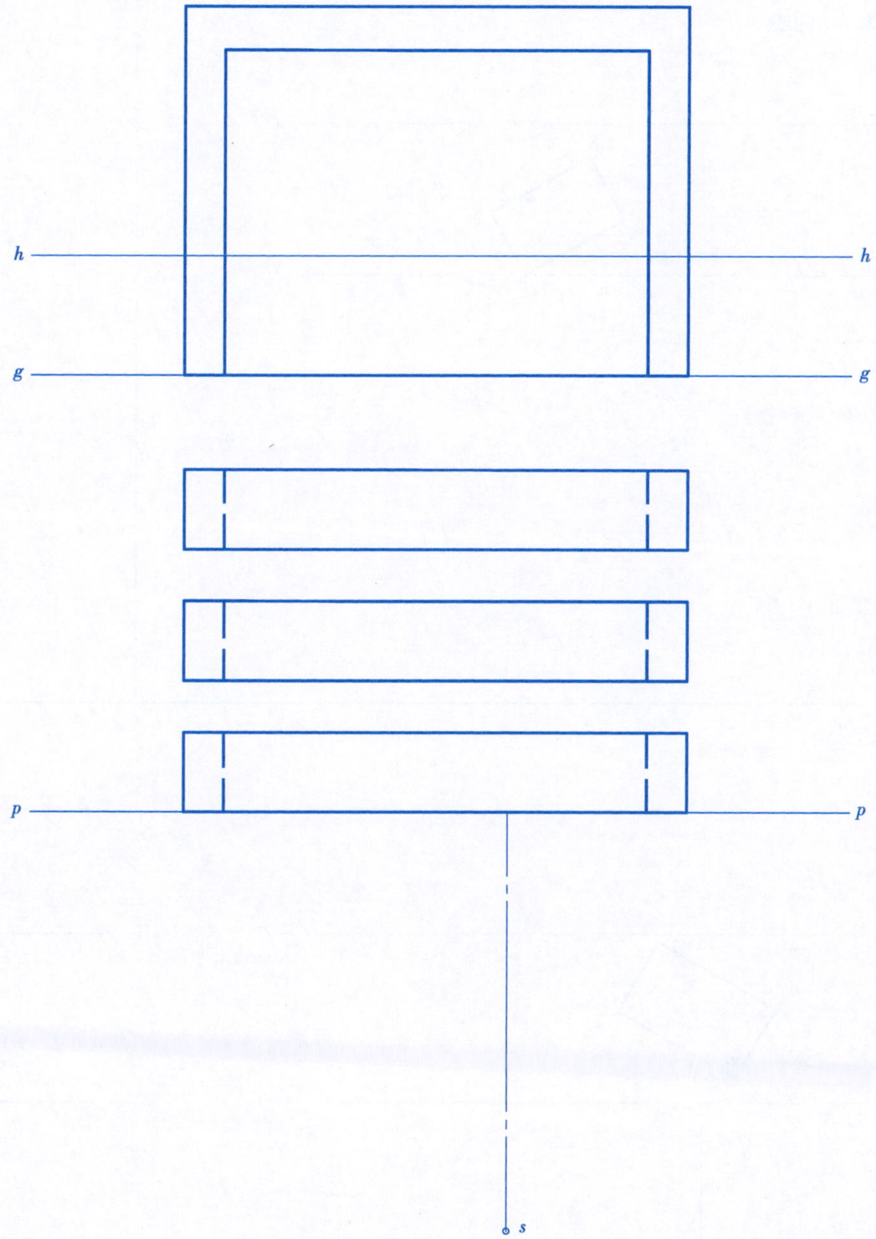

姓　名		班　级		学　号		成　绩		其　他	

5.2　透视

20. 平面 *ABCD* 在基面上，已知视距 30 mm，视高 15 mm，视点正对 *A* 点，求矩形 *ABCD* 的透视。

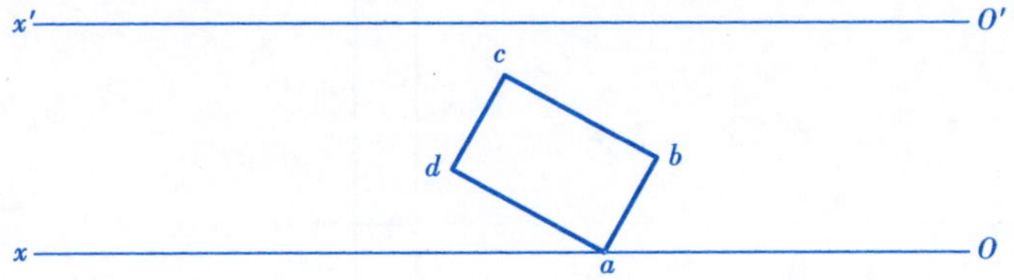

21. 求平面的透视。

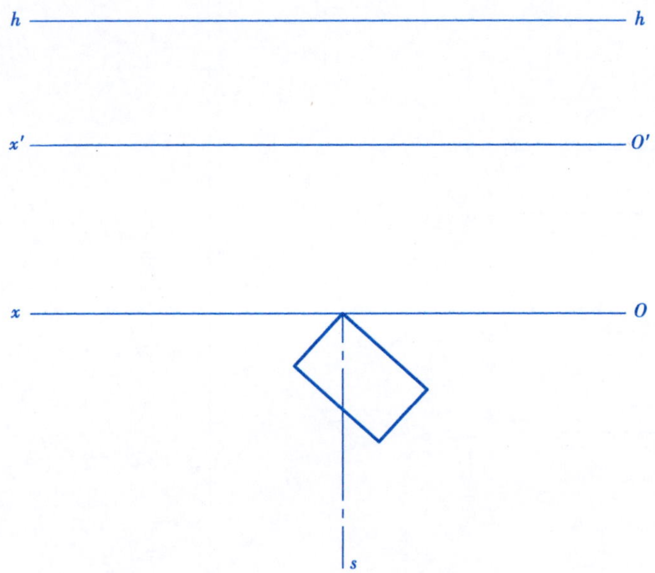

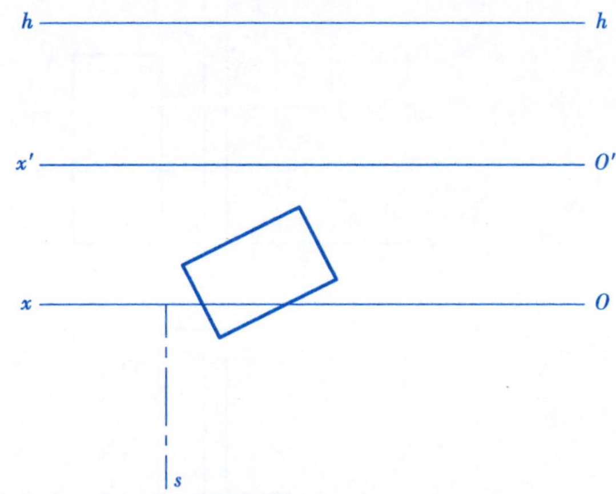

22. 求平面的透视。

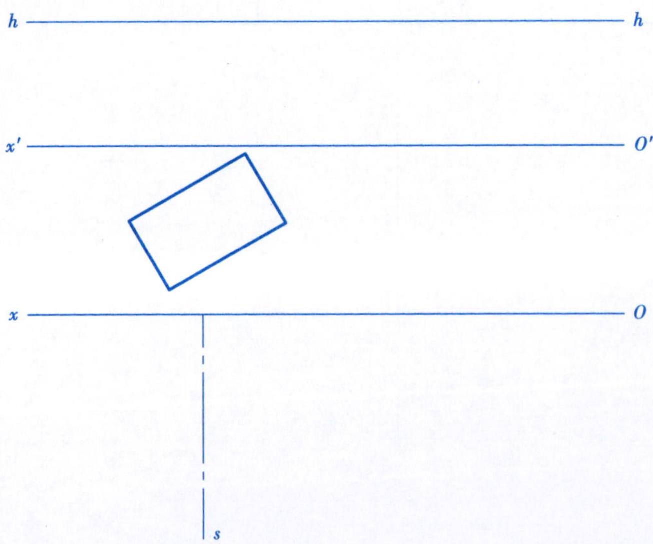

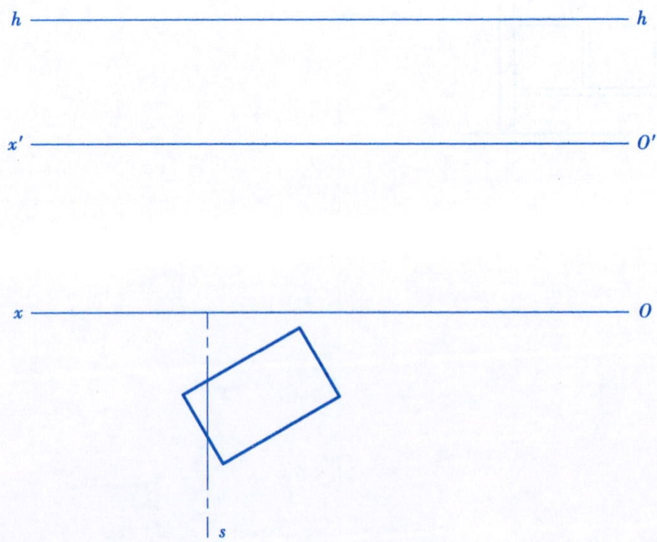

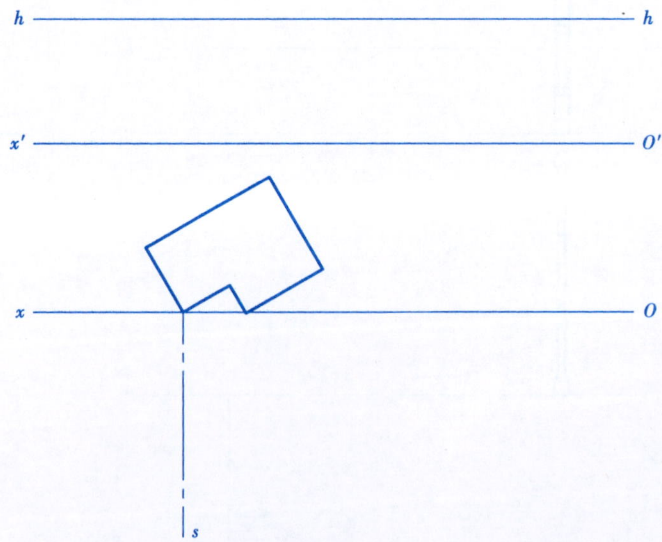

姓　名		班　级		学　号		成　绩		其　他	

5.2　透视

23. 求水平面的两点透视。

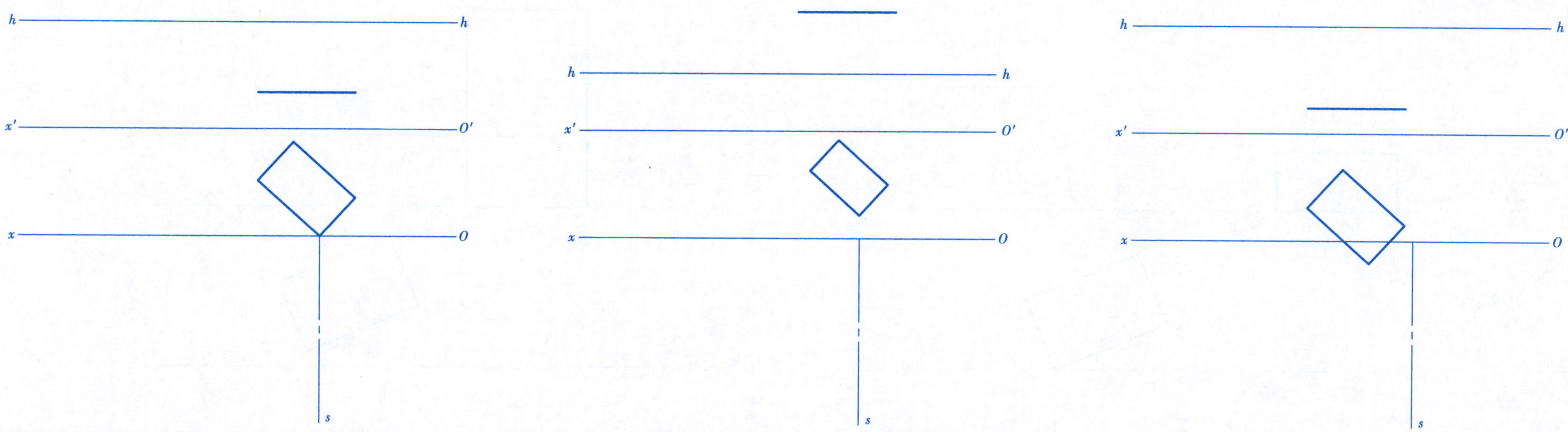

24. 求道路铺装的两点透视。

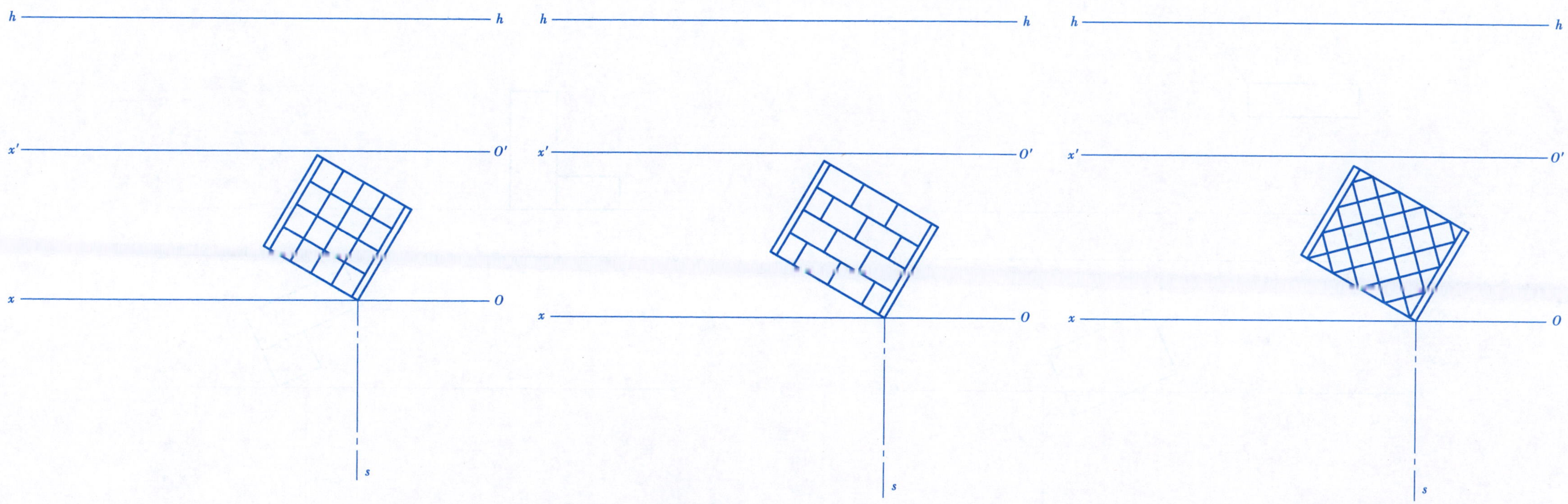

姓 名		班 级		学 号		成 绩		其 他	

5.2 透视

25. 求长方体的两点透视。

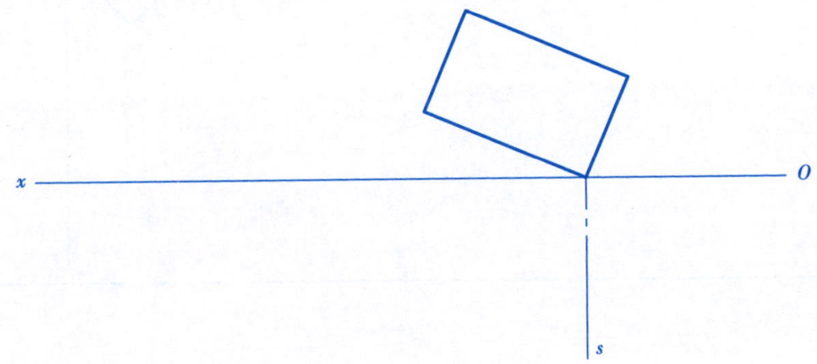

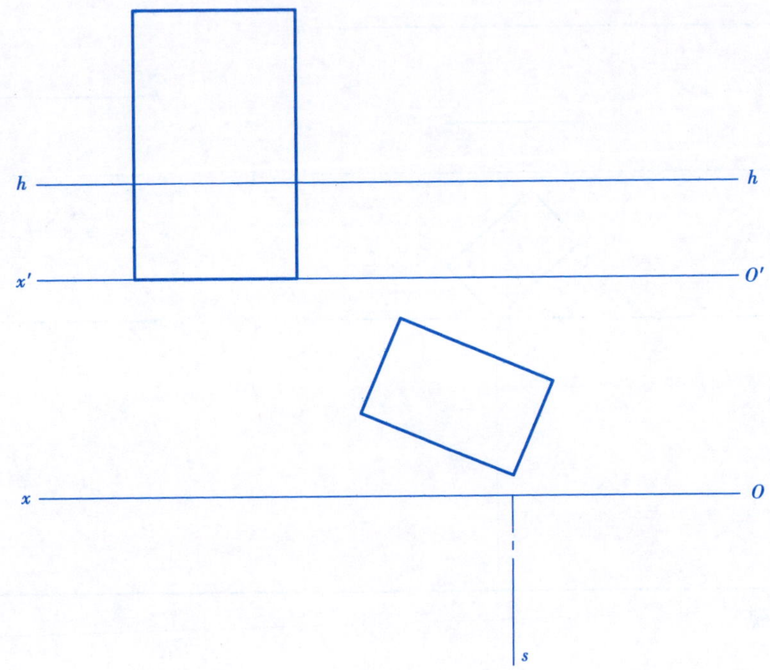

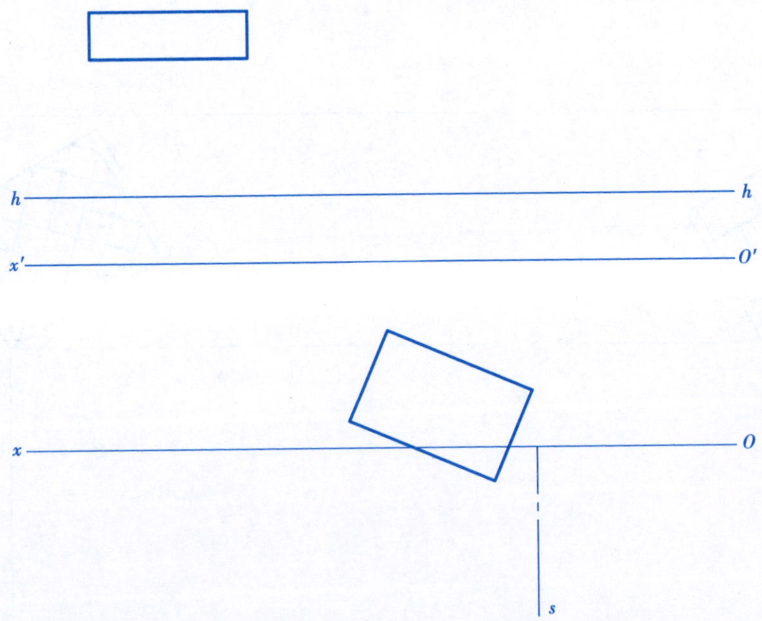

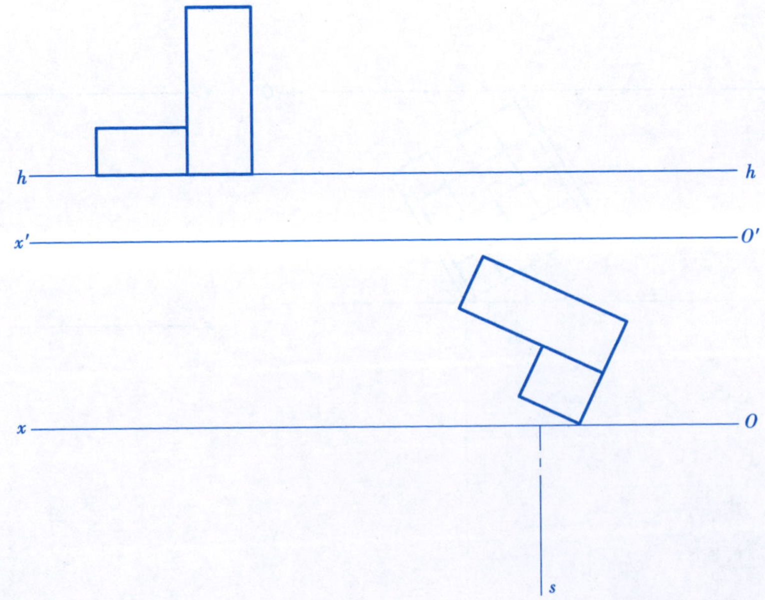

姓　名		班　级		学　号		成　绩		其　他	

5.2　透视

26. 求几何体的两点透视。

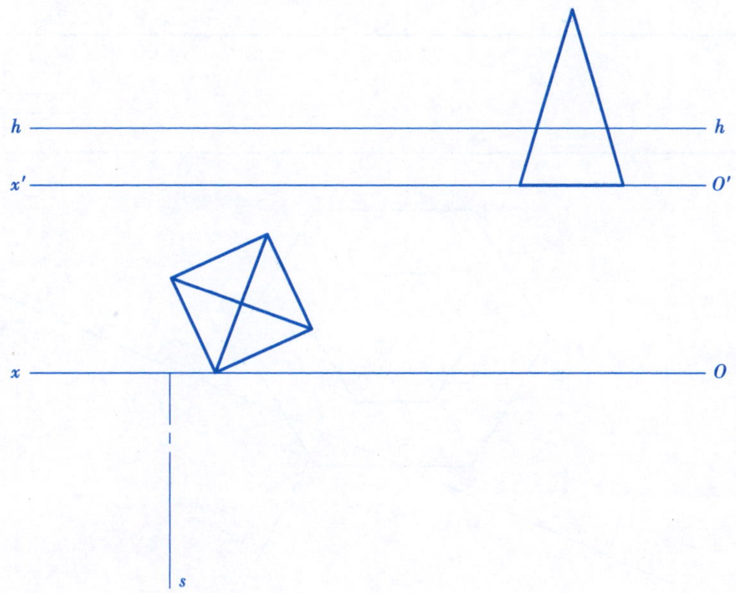

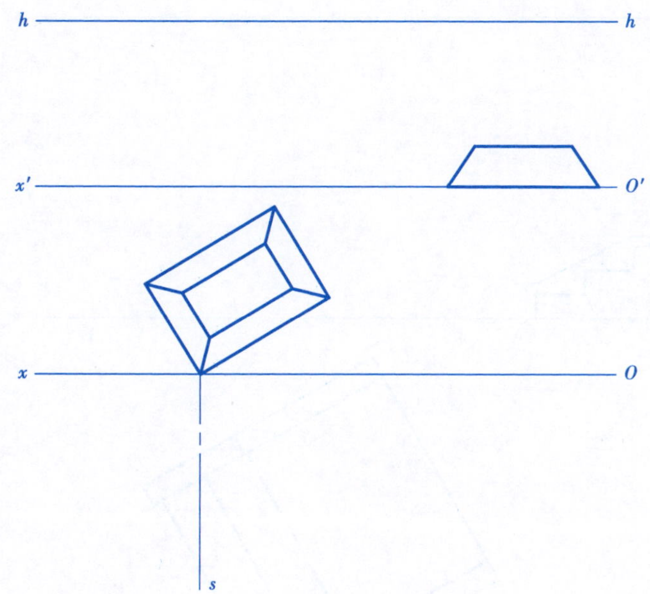

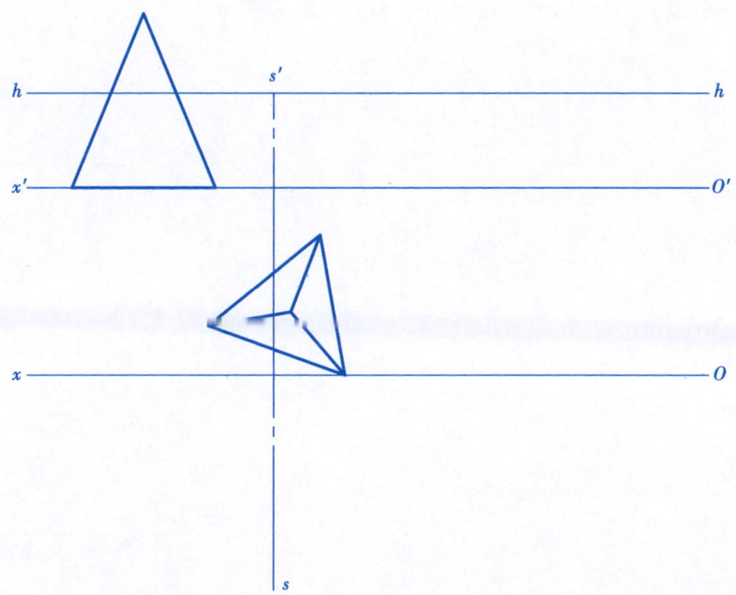

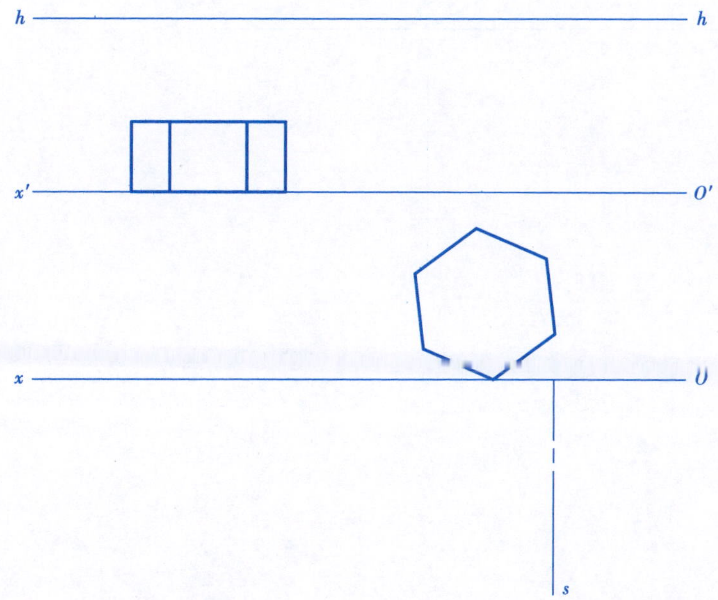

姓 名		班 级		学 号		成 绩		其 他	

5.2 透视

27. 求组合体的两点透视。

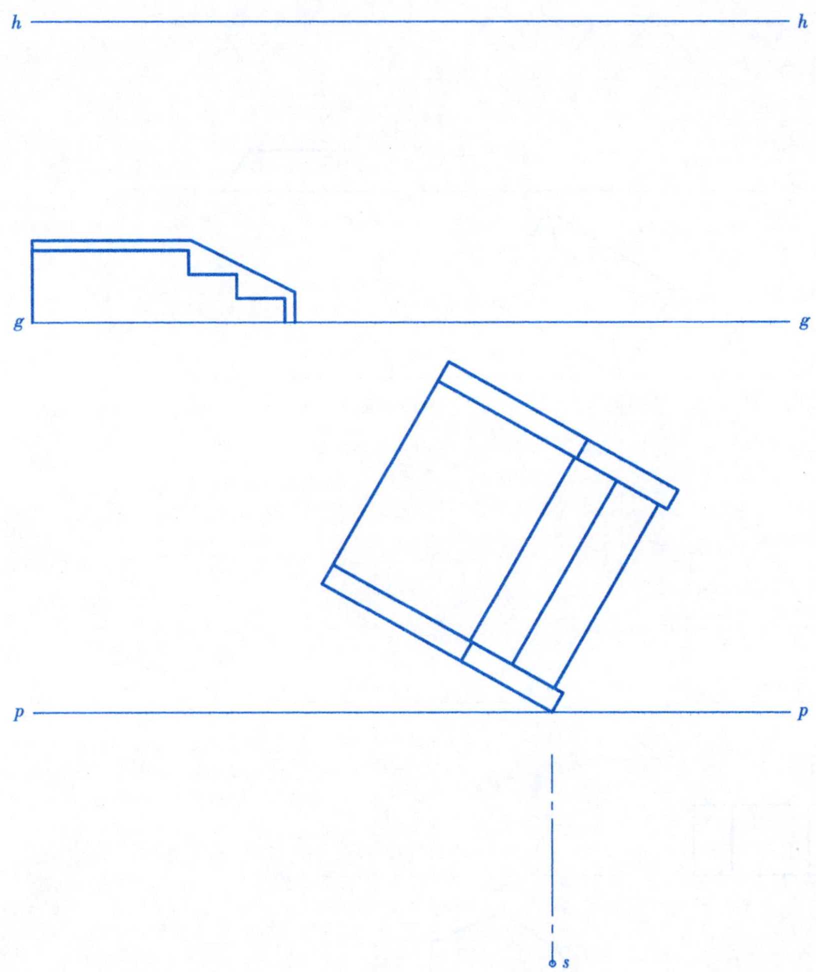

28. 按所给条件作基本建筑形体平行(两点)透视。

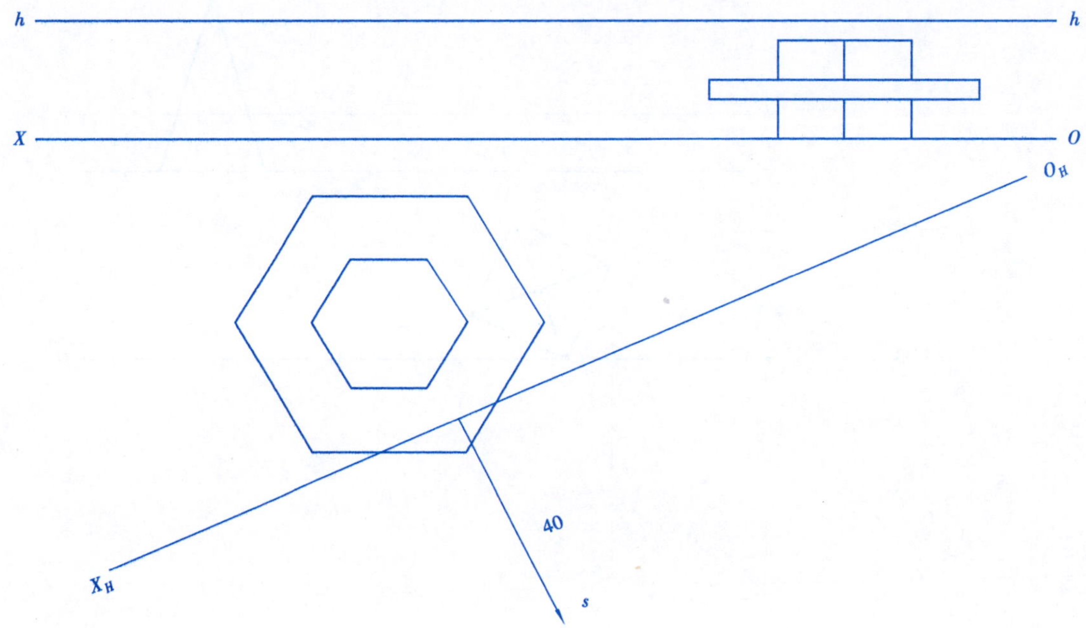

姓　名		班　级		学　号		成　绩		其　他	

5.2　透视

29. 作出由四棱柱与倒四棱台组成的建筑小品的透视图。

姓 名		班 级		学 号		成 绩		其 他	

5.2 透视

30. 求组合体的两点透视。

姓 名		班 级		学 号		成 绩		其 他	

5.2 透视

31. 按所给条件作基本曲线形体透视。

(1)

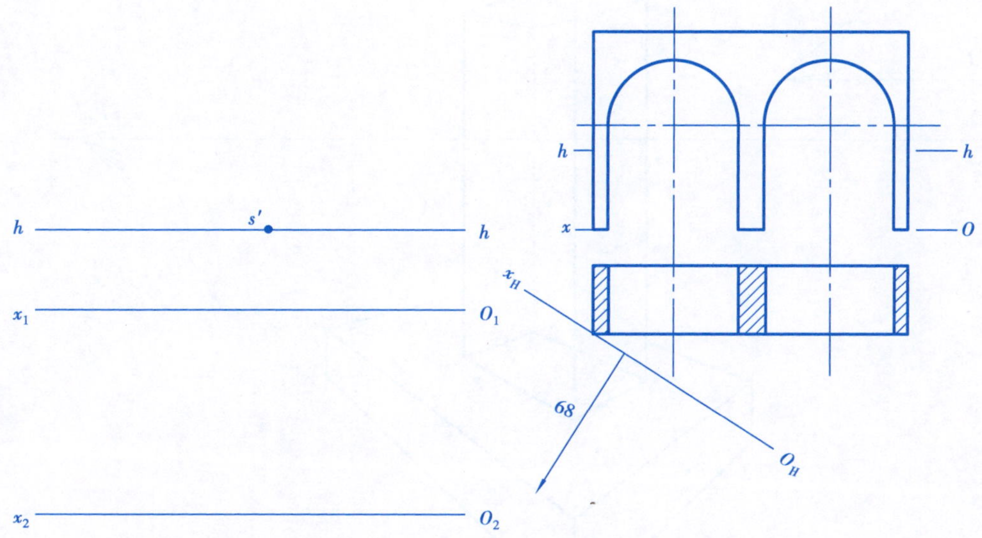

(2)

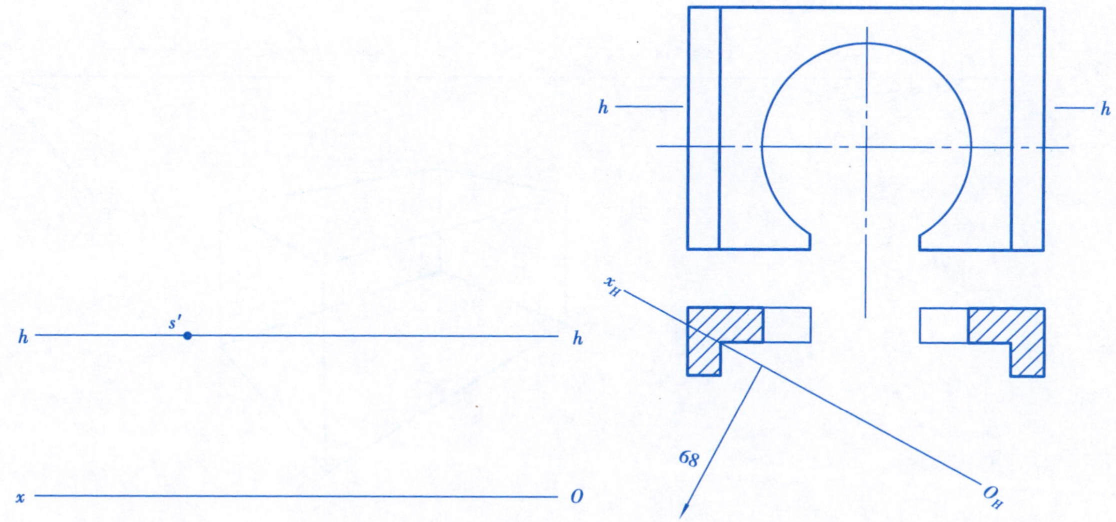

(3)

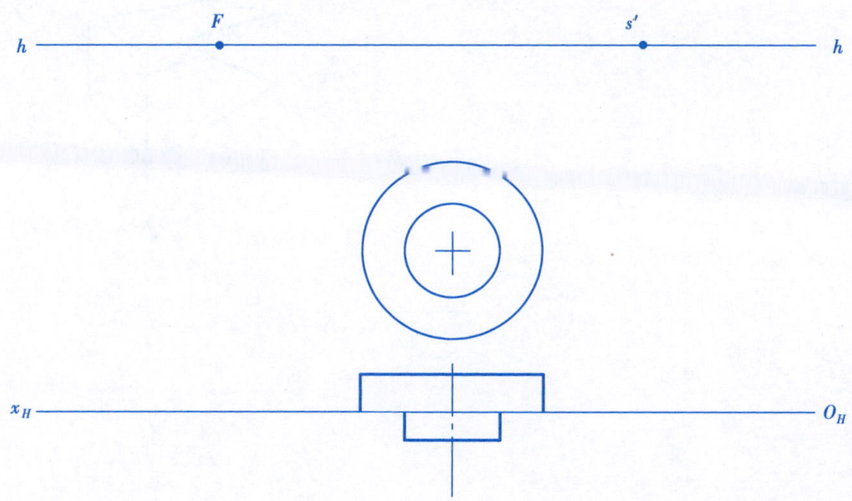

(4)

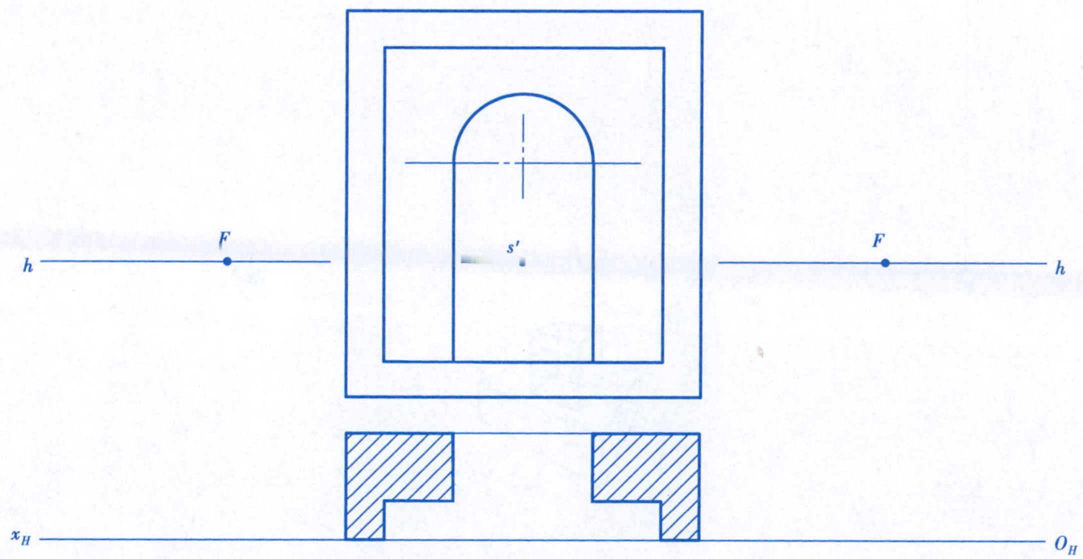

姓 名		班 级		学 号		成 绩		其 他	

5.3 两点透视——体的透视

1. 求棱柱的阴影。

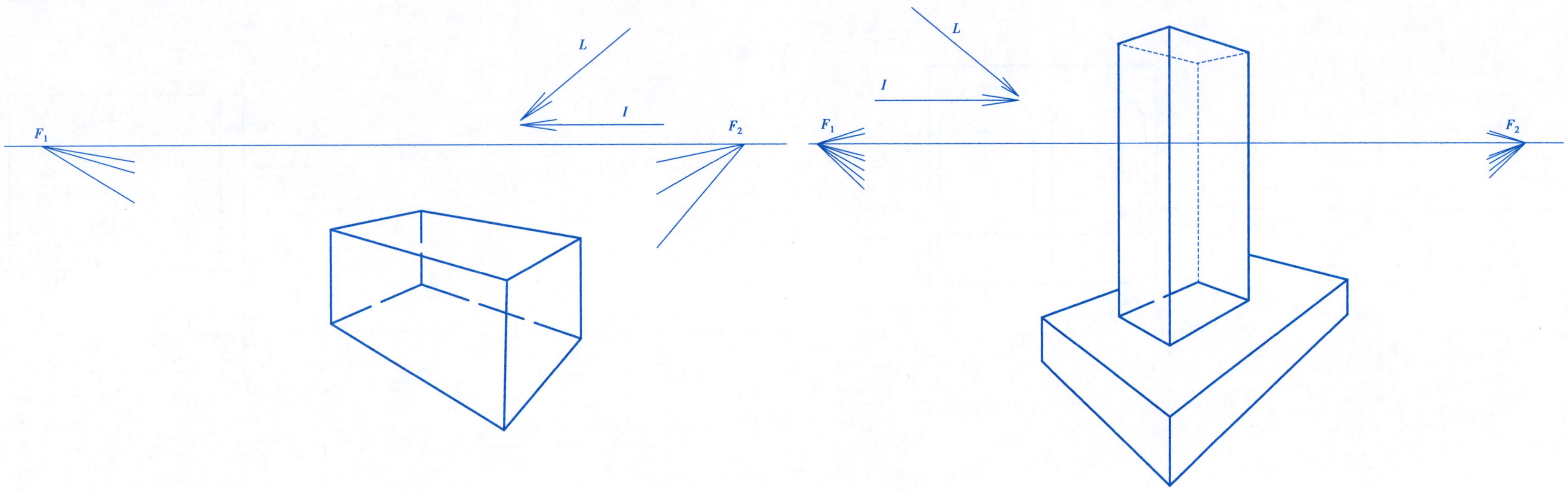

2. 求棱柱体的阴影。

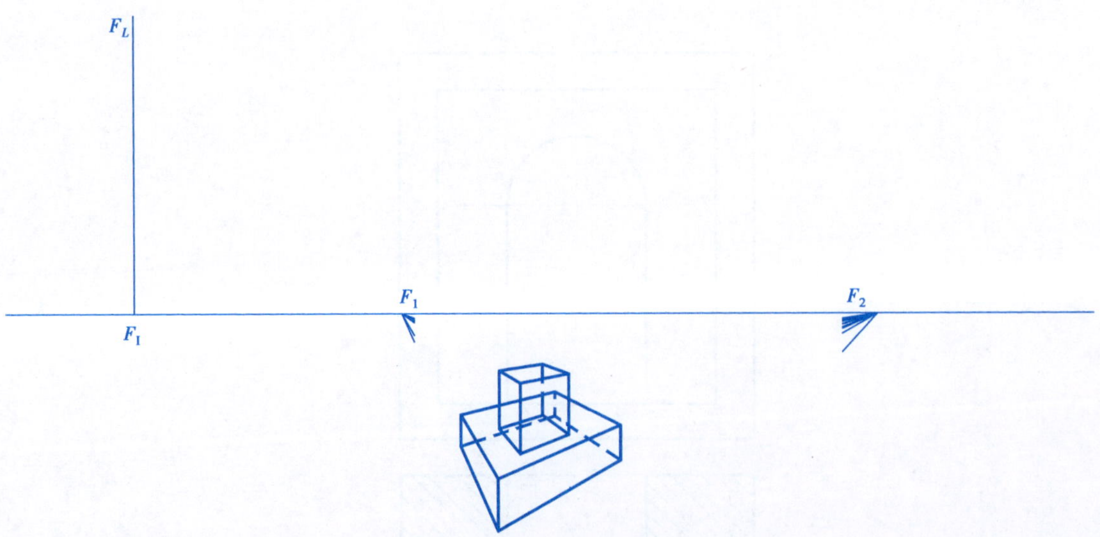

3. 求房屋轮廓阴影。

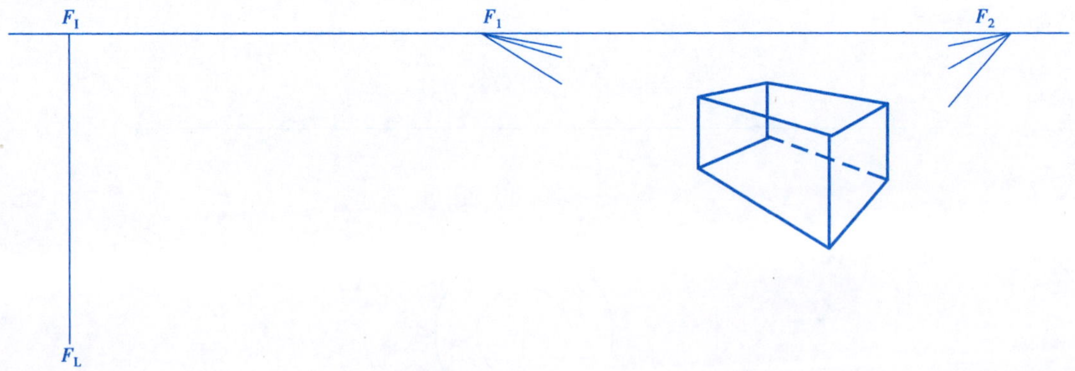

姓　名		班　级		学　号		成　绩		其　他	

5.4　透视图上的落影

1. 求作建筑形体在无灭光投射下的透视阴影。

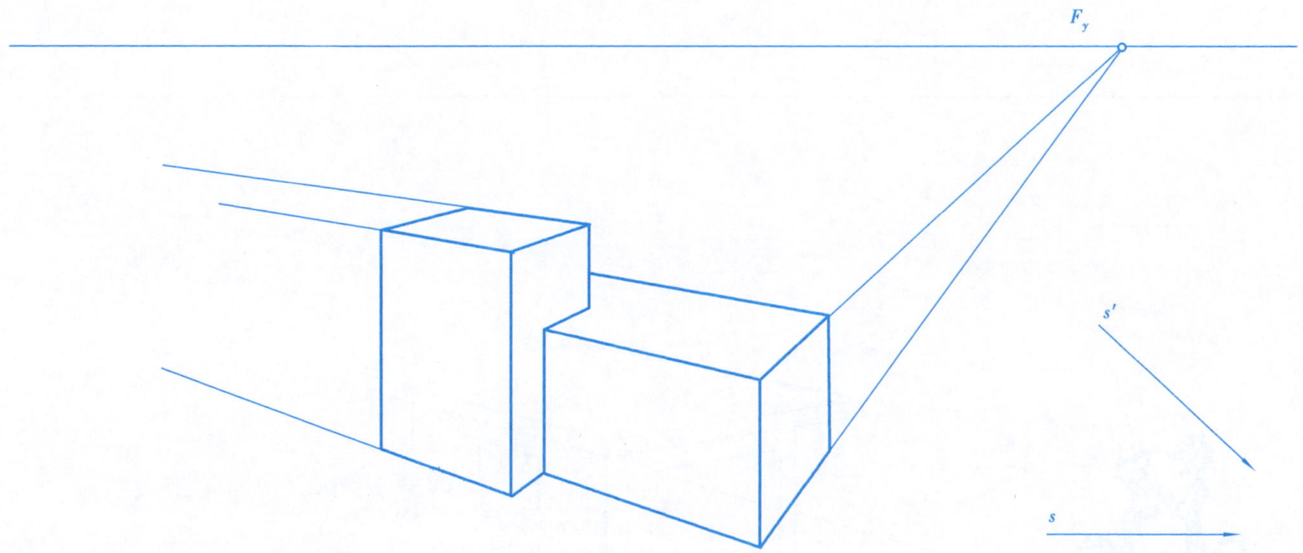

2. 按图示要求作平房的透视阴影（A 投于墙面 P 的落影为 A_1）。

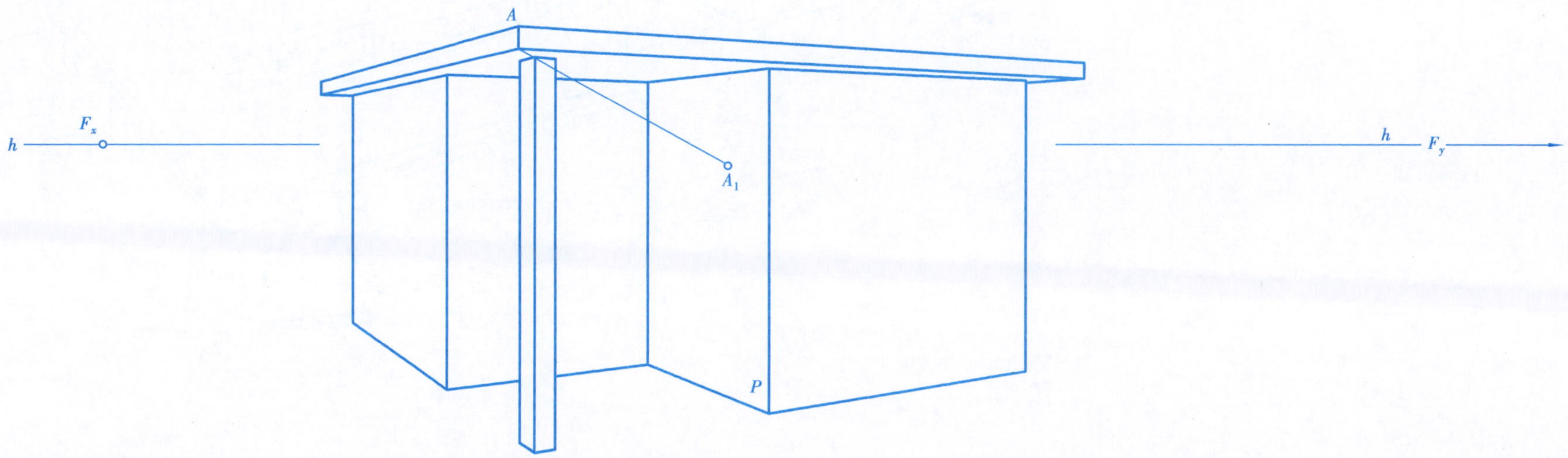

姓　名		班　级		学　号		成　绩		其　他	

5.5　倒影

求作如图所示的亭、花架、平台及其环境在水中的倒影。

姓　名		班　级		学　号		成　绩		其　他	

5.6　镜面虚像

求镜面的虚像。

(1)

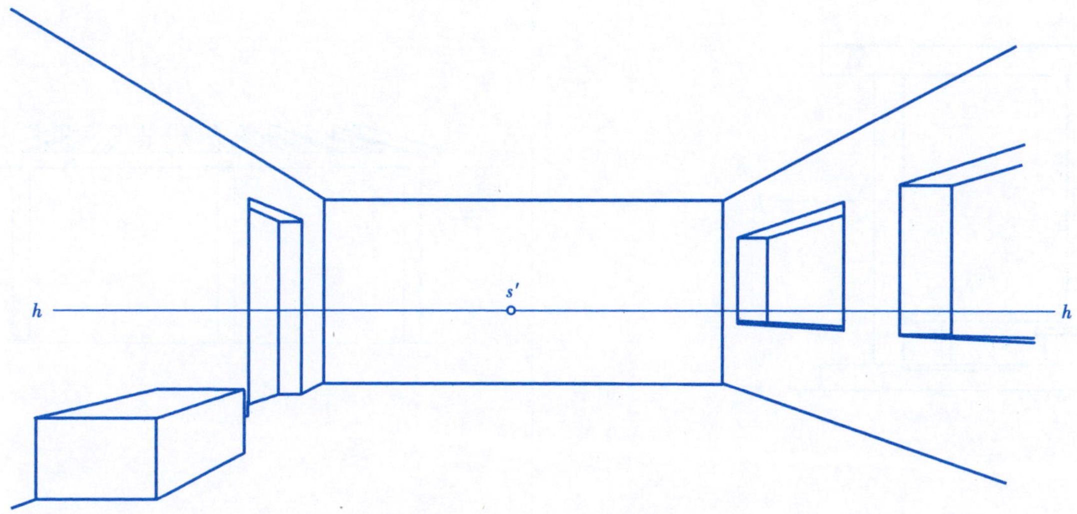

(2)

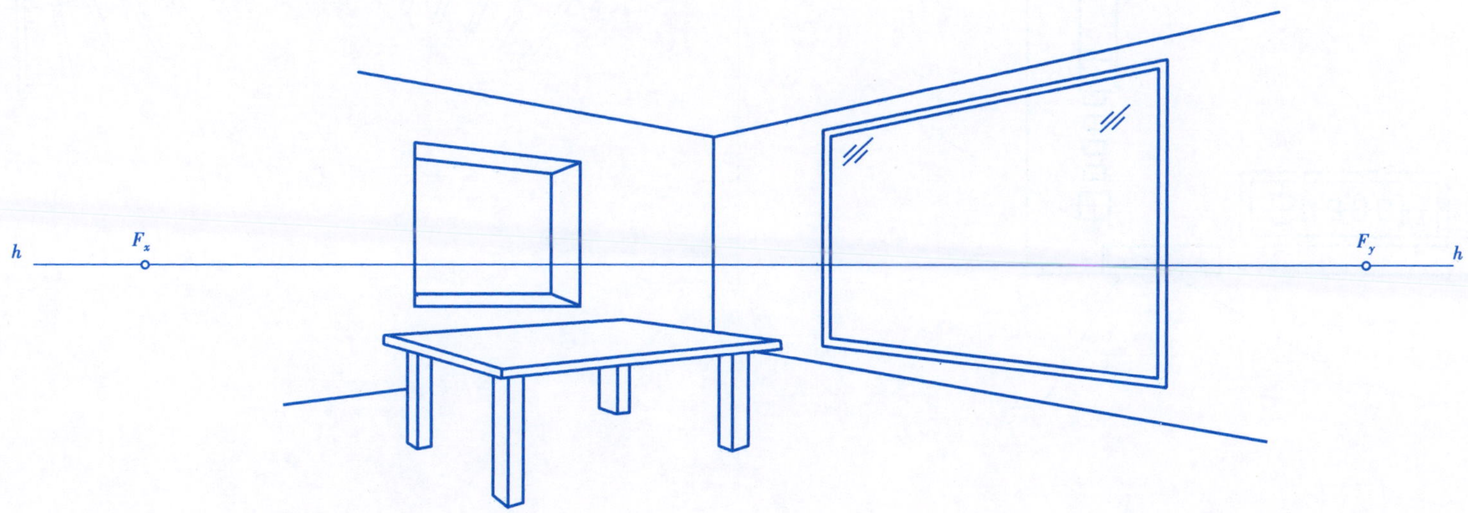

姓 名		班 级		学 号		成 绩		其 他	

实训 5 园林建筑透视图

1. 作休息亭的两点透视图(A3)。

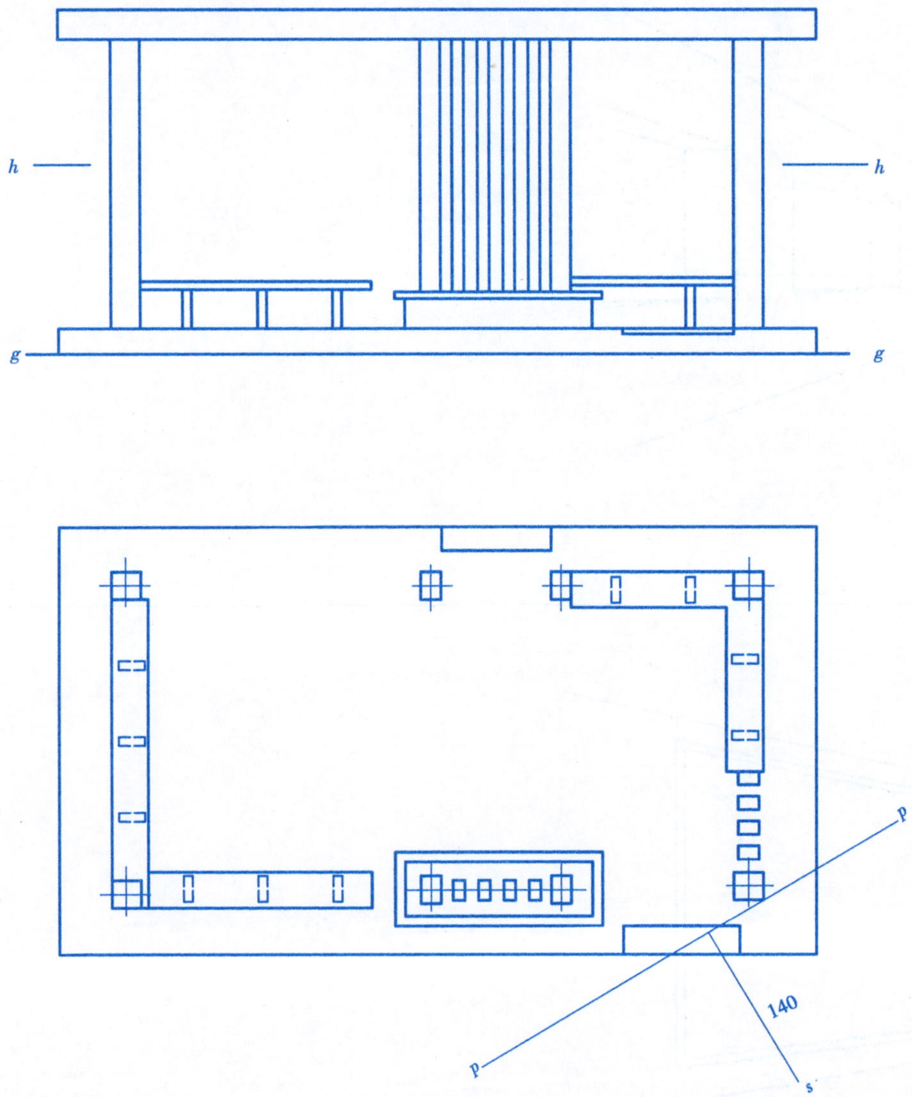

2. 作花架的一点透视、站点、视点、视高自行选择(A3)。

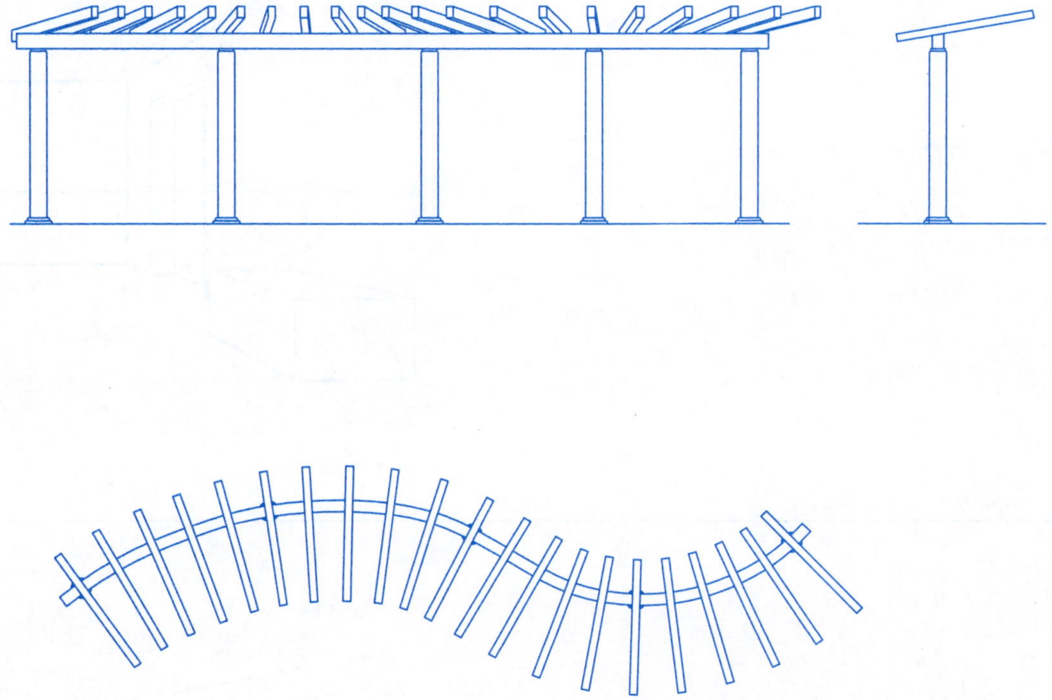

6 园林识图

本章导读　园林设计图、园林工程施工图是园林专业的技术语言，只有了解和熟悉这种特定的语言，才能进行园林工程项目的设计、施工。因此本章将在投影制图的基础上，进行各种园林图纸表达内容、绘图要求、绘图方法以及图纸识读的练习。

中心内容

1）概念

(1)园林总平面图　它是表现规划用地范围内各种造园要素（如园林建筑及小品、山石、水体、道路、广场以及园林植物等）总体平面布局的图样，同时也是绘制其他图样、施工放线、土方工程及编制施工规划的依据。

(2)园林工程图　为了表达各园林设计的内容和意图，并组织各工程的施工，所绘制出的用以指导园林工程施工的图纸。

(3)园林建筑图　园林设计时提供的园林建筑单体的外形、尺度和材料等，施工阶段提供的基础、各构件的结构以及各节点的施工方法等的图纸。根据表现的内容和形式分为平面图、立面图和剖面图。

(4)竖向设计图　竖向设计图是表示园林中各个景点、各种设施及地貌等在高程上的高低变化和协调统一的一种图样，是造园工程土方调配预算和地形改造施工的主要依据。

(5)园林植物种植设计图　是表示设计植物的种类、数量、规格、种植位置及类型和要求的平面图样，是组织种植施工、编制预算和养护管理的重要依据。

(6)园林给排水设计图　园林给排水图是表达园林给排水及其设施的结构形状、大小、位置、材料及有关技术要求的图样，供交流设计和施工人员按图施工，由给排水管道平面布置图、管道纵断面图、管网节点详图及说明等构成。

(7)园林电气设计图　园林电气图一般由电气外线总平面图、电气平面图、电气系统图、设备布置图、电气原理接线图和详图等组成。

2）绘图、识图方法

(1)园林总平面图

①按要求绘制各设计的园林要素。

②绘制图例说明。

③标注定位尺寸或绘制坐标网。

④绘制或书写指北针、标题栏、比例、设计说明。

(2)园林工程图

①基础平面图和基础剖面图园路工程图

a. 路线平面图：常采用1:500～1:2 000的比例，依道路中心画一条粗实线来表示路线，也可按路面宽画双线表示路线。新建道路用中粗线，原有道路用细实线。路线平面由直线段和曲线段（平曲线）组成。在图纸的适当位置画路线平曲线表，按交角点编号表列平曲线要素。

b. 路线纵断面图：路线纵断面图用透明方格纸画。长度采用1:2 000，高度采用1:200，相差10倍。

c. 路基横断面图：横断面地平线用细实线绘制，设计线用粗实线绘制，横断面图一般用1:50，1:100，1:200的比例。

②假山工程图的阅读

a. 看标题栏及说明。

b. 看平面图。

c. 看基础平面图和基础剖面图。

d. 看立面图。

e. 看剖面图。

③驳岸工程图的阅读：同假山工程图。

(3)园林建筑图

a. 建筑平面图：就是用一个假想的水平面，在窗台或者柱基以上某一个位置将整个建筑物剖开，移去剖切平面上方的部分，将剩余部分向水平投影面作投影，就是所求的建筑物平剖图，称为建筑平面图，简称为平面图。

b. 建筑立面图：建筑物或者构筑物在某一立面平行面上所作的正投影，用以表现建筑物或者构筑物的形体外观、外部装饰材料等。

c. 建筑剖面图：假想用一个铅垂剖切平面把房屋剖开后所画出的剖面图称为建筑剖面图，简称剖面图。

中心内容

(4)竖向设计图　是根据设计平面图及原地形图绘制的地形详图，借助标注高程的方法，表示地形在竖直方向上的变化情况。竖向设计图绘制步骤为：

①绘制等高线。

②标注高程。

③标注排水方向。

④绘制方格网。

⑤绘制比例、指北针、注写标题栏、技术要求。

⑥绘制局部断面图。

(5)园林植物配置设计图　表示设计植物的种类、数量、规格、种植位置及类型和要求的平面图样。园林植物配置设计图的绘制步骤为：

①定绘图比例。

②确定图幅，布置图面。

③确定定位轴线，或绘制直角坐标网，绘制现状地形与将保留的地物。

④绘制设计地形与新设计的各造园要素。编制苗木统计表。

⑤检查底稿，加深图线。

⑥标注尺寸和标高。

⑦注写图例说明与设计说明，绘制种植详图。

⑧绘制指北针或风玫瑰图等符号，注写比例尺，填写标题栏、会签栏。检查并完成全图。

(6)园林给排水图　表达园林给排水及其设施的结构形状、大小、位置、材料及有关技术要求的图样，供交流设计和施工人员按图施工。

(7)园林电气图　根据国家颁布的有关电气技术标准和通用图形符号进行绘制。一般由电气外线总平面图、电气平面图、电气系统图、设备布置图、电气原理接线图和详图等组成。

(8)结构施工图　结构施工图简称“结施”，主要用以表明结构设计的内容和工程对结构的要求，表示建筑物各承重构件(如基础、承重墙、柱、梁、板、屋架等)的布置、构件类型、尺寸大小、材料质量、构造及其相互关系。

6.1 园林总平面图

1. 左图为某公园的规划设计总平面图，整个公园由市政广场、健身广场、城市森林广场三个部分组成。市政广场由文化广场、林荫广场、中心旱喷泉广场组成。健身广场是一个以健身、休闲为主的小型广场，是通往市政广场和城市森林广场的自然过渡。森林广场以健身、生态为目的，有林间小道、湖水、草坪、四季如春的森林。请仔细读图，指出：

①三大广场与市政办公大楼有怎样的位置关系？

②说明健身广场位于整个设计的哪个方位？

2. 下图为某公园的总平面，仔细阅读后回答：(1)该公园由几部分组成？(2)公园内共有几尊雕塑？(3)儿童活动区在什么方位？

6.1　园林总平面图

3. 下图为某公园的总平面图,运用平面图的知识识读并抄绘下图。图幅自定。

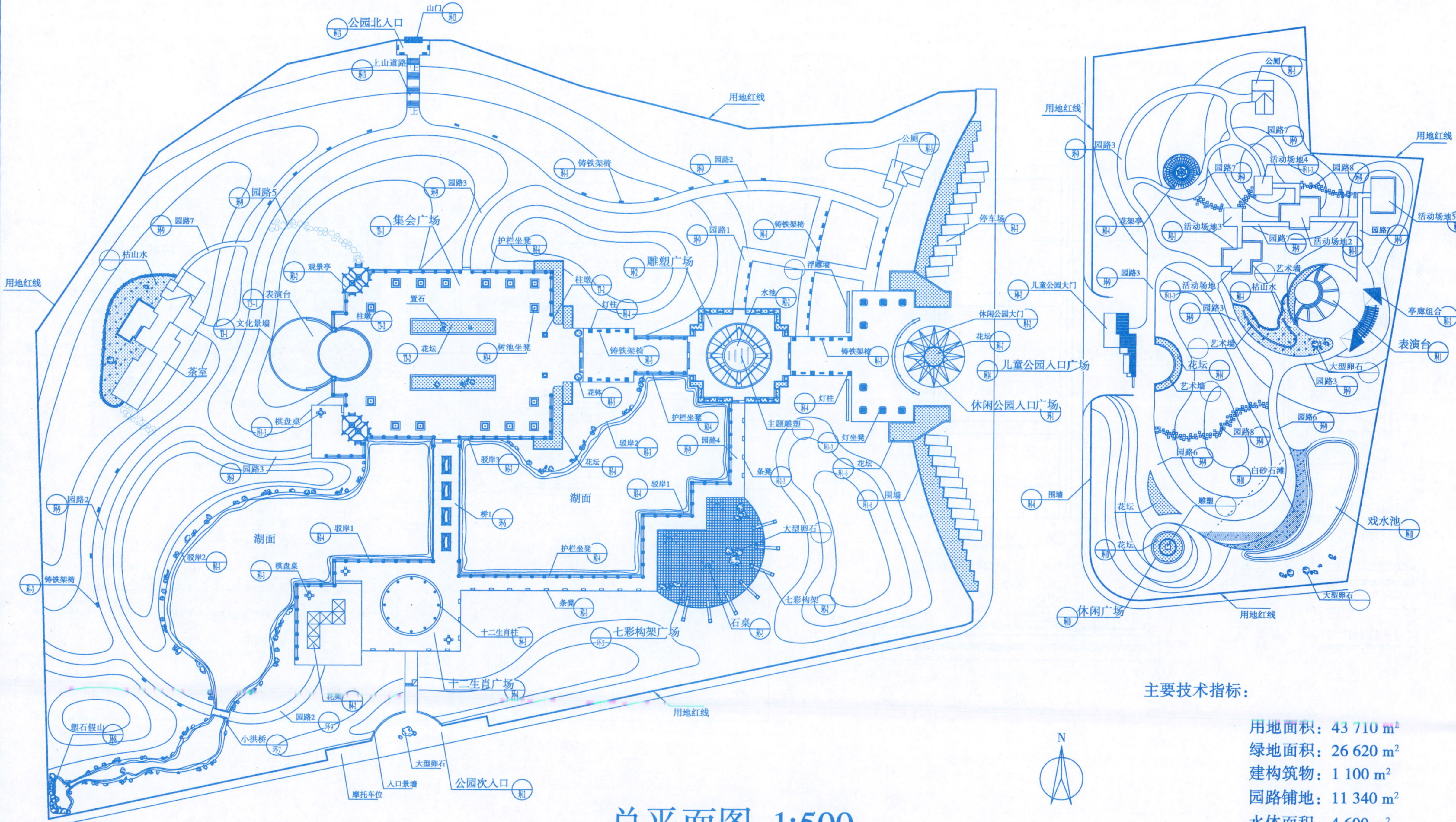

总平面图　1:500

主要技术指标:

用地面积:43 710 m²
绿地面积:26 620 m²
建构筑物:1 100 m²
园路铺地:11 340 m²
水体面积:4 600 m²

1. 下图为某园路的施工图，了解制作园路的材料尺寸及制作要求。

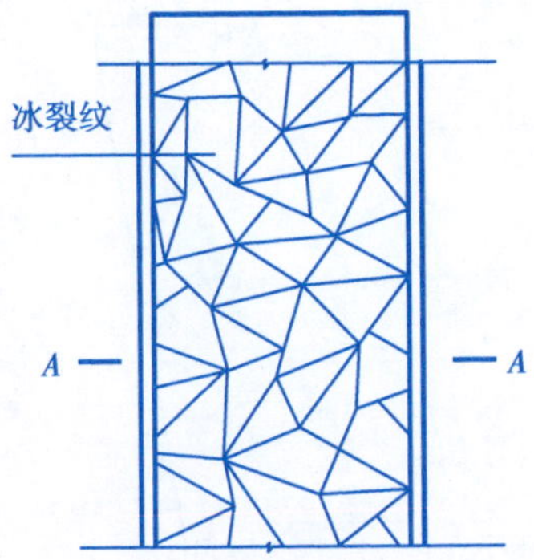

① 园路平面

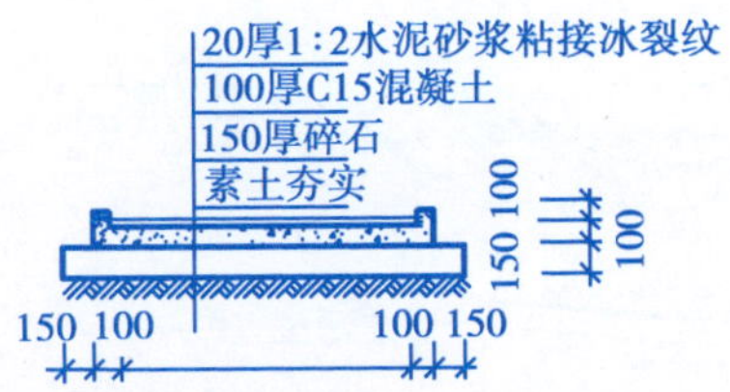

A—A剖面1:25

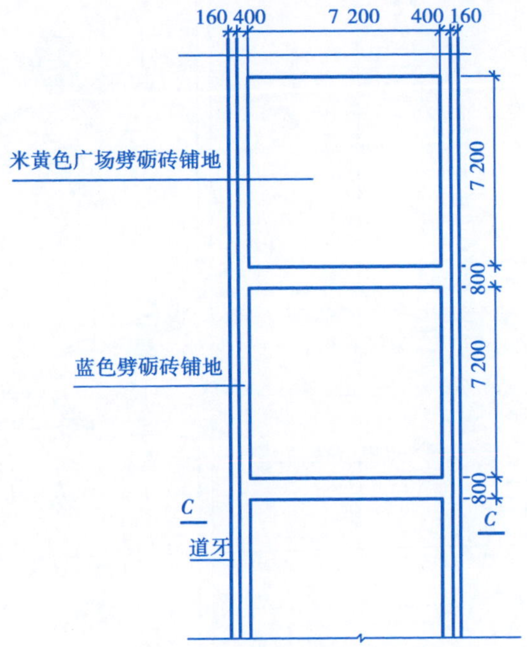

① 园路平面1:50

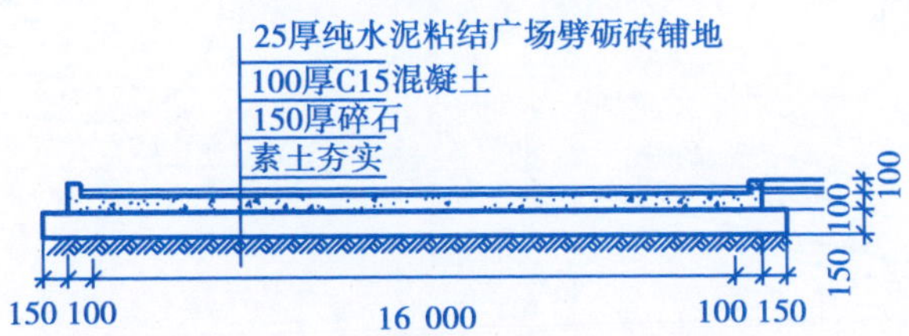

C—C剖面1:25

2. 下图为某游园停车场园路施工图，了解植草、园路的作法。

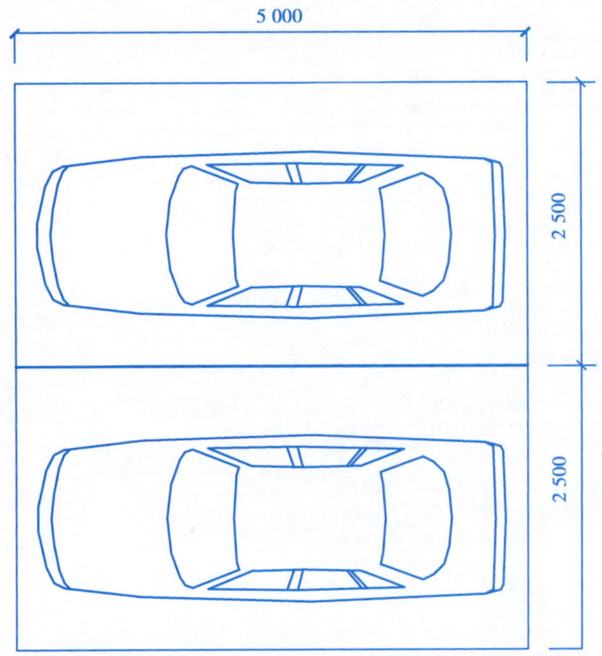

停车场平面

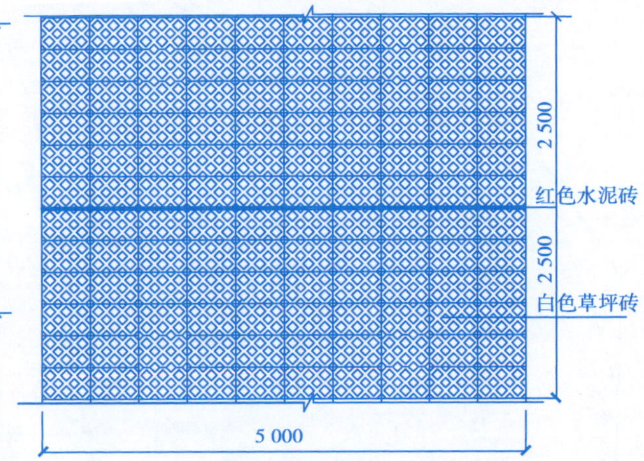

植草砖铺装平面图

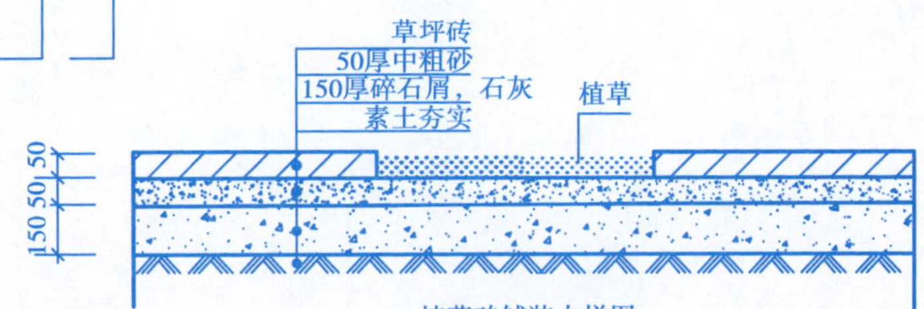

植草砖铺装大样图

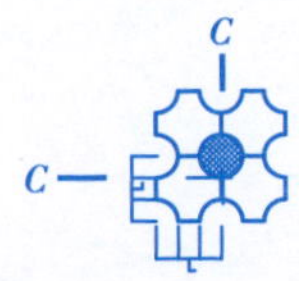

④ 停车场铺地大样（1:25）

停车场

6.3 假山工程图

1. 下图为某假山的工程施工图，结合假山的平、立、剖面图，阅读各部分山体的前后位置、造型特点、主峰和跌水口的位置，了解施工情况，然后在原平面图上标出各峰位置。

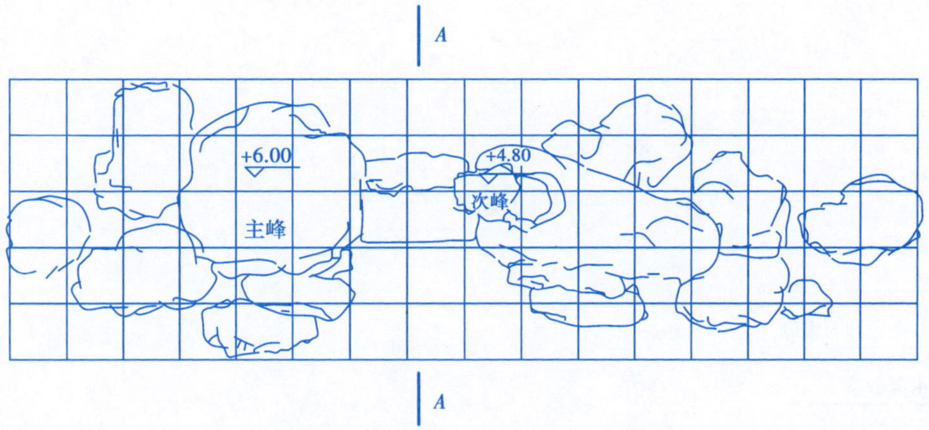

平面图

方隔网1 000×1 000

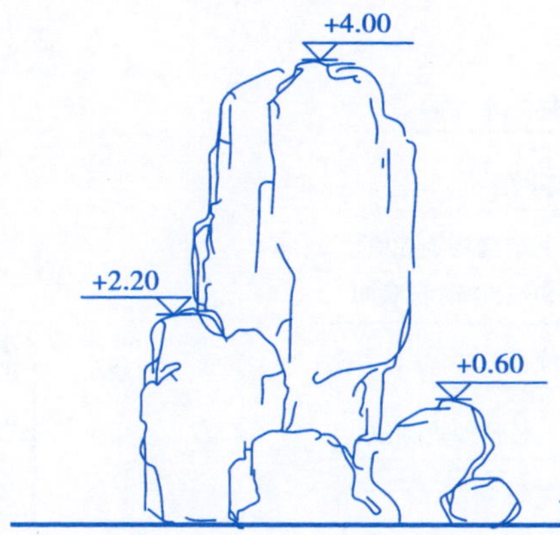

左立面图

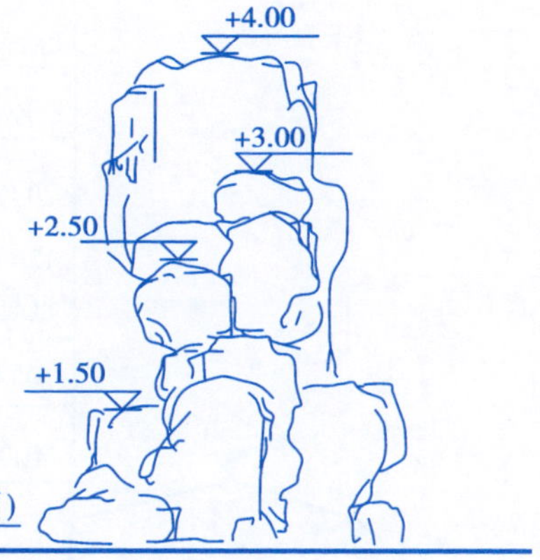

右立面图

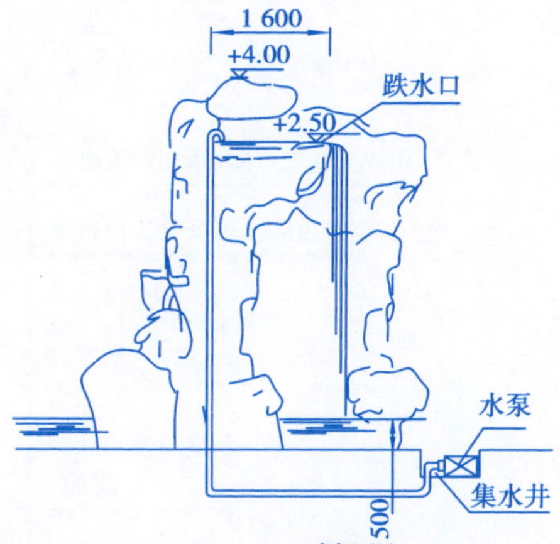

A—A剖面图

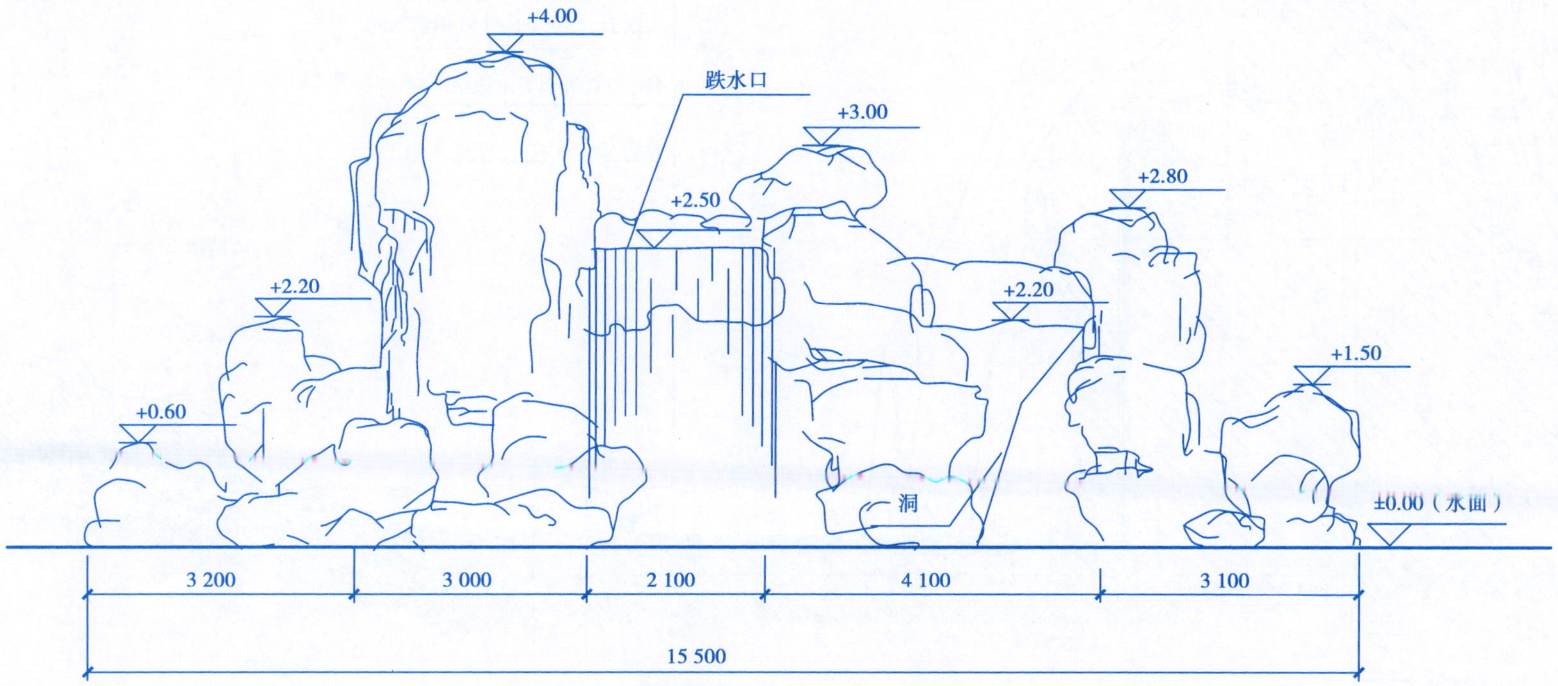

正立面图

2. 下图为某假山的断面图，在识读理解的基础上自定图幅抄绘。

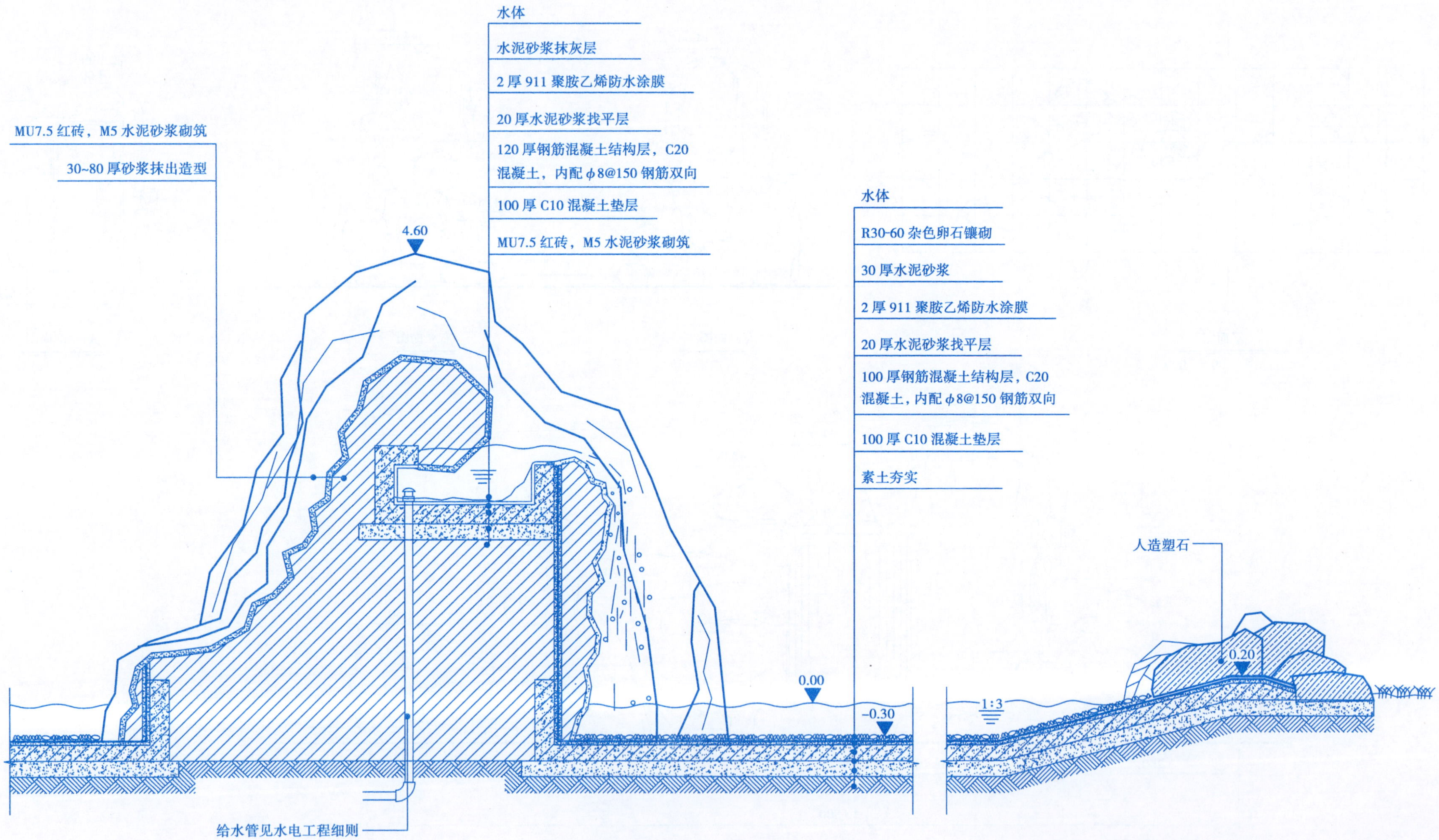

A—A 剖面图 1:40

6.4 驳岸工程图

下图为上海虹桥公园驳岸的部分施工图，抄绘，图幅自定。注意尺寸、线形。

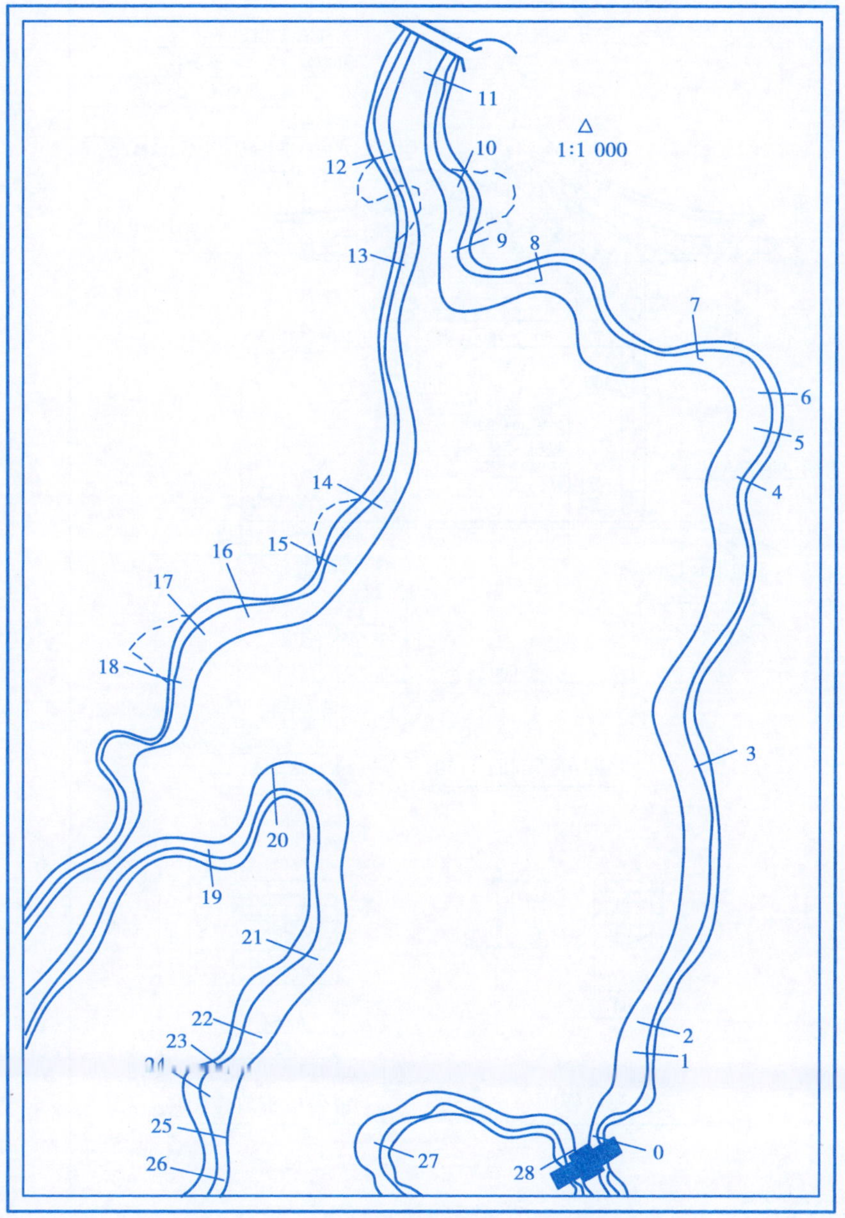

上海虹桥公园驳岸分区平面图

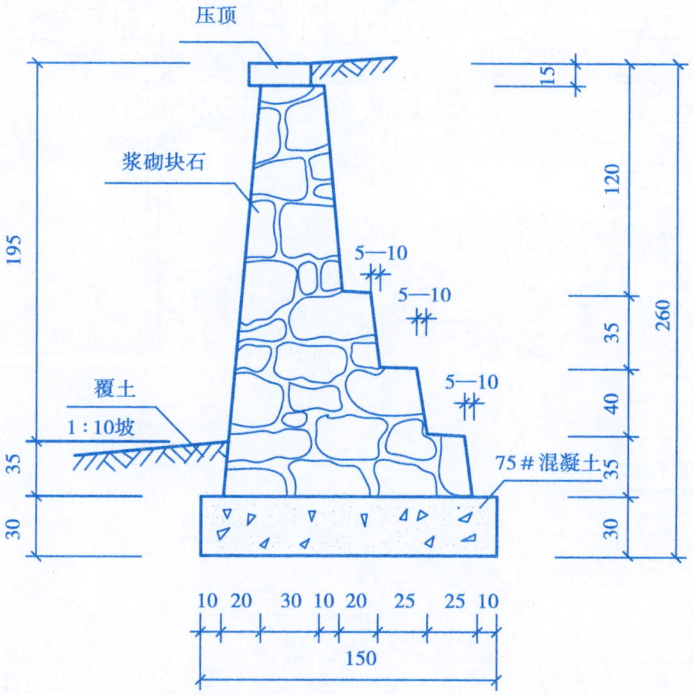

Ⅰ型

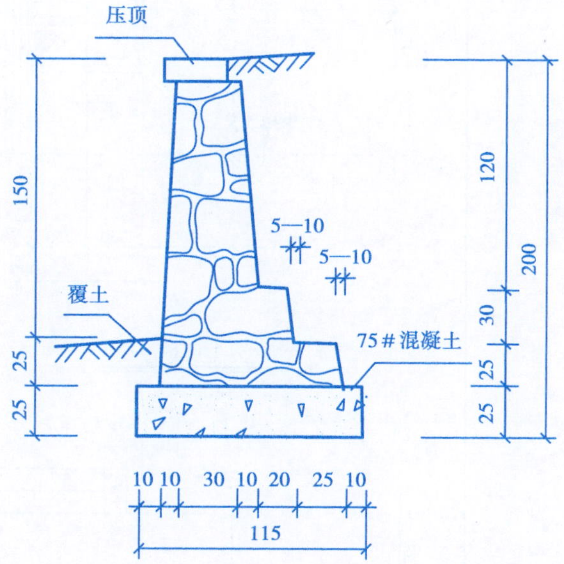

Ⅱ型

上海虹桥公园驳岸设计（一）

单位：cm

1. 下图为一四方亭的结构施工图，通过平面图、断面图、立面图、剖面图了解亭子的外形特征、材料、作法、施工要求。

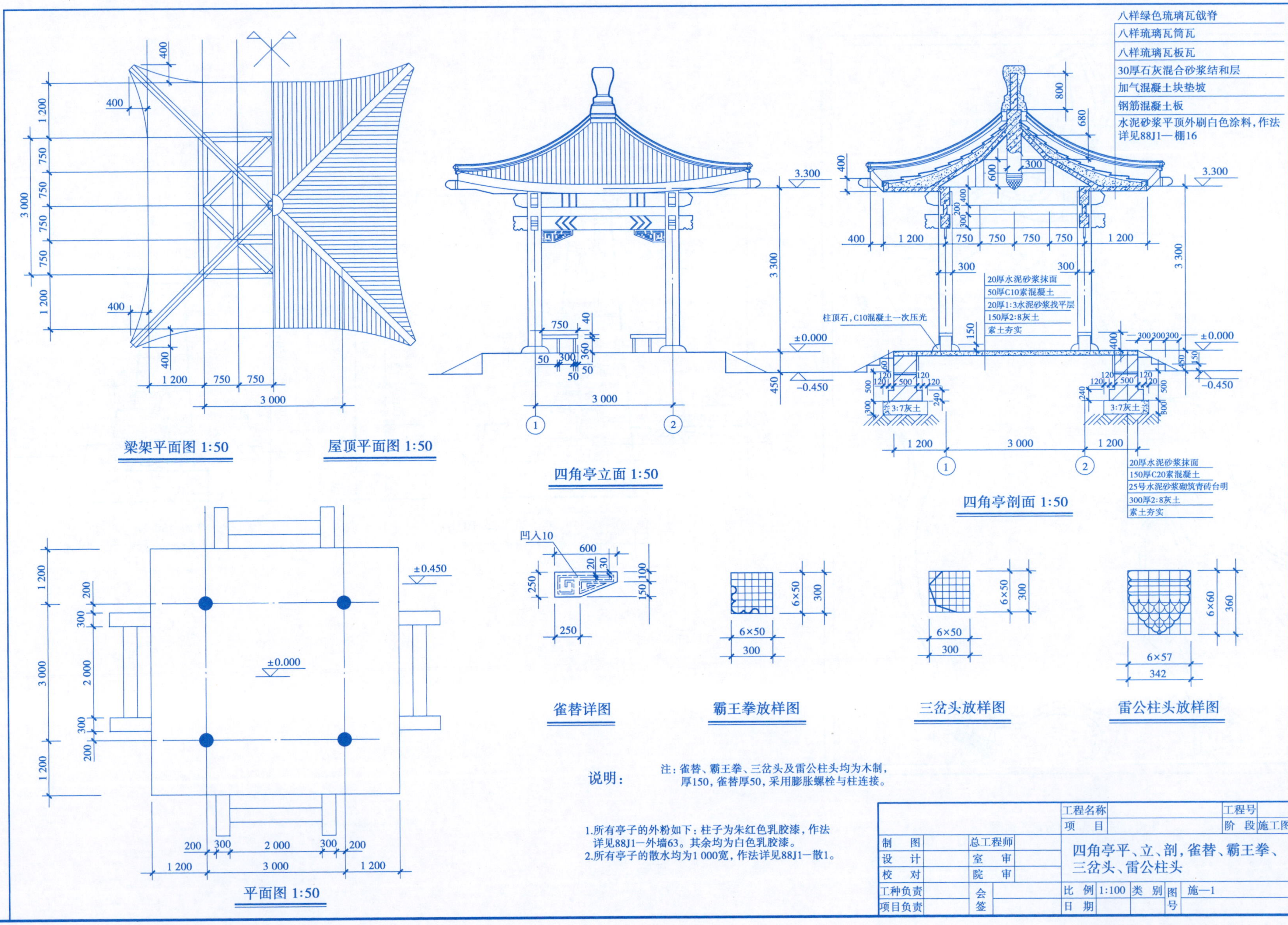

2. 下图为一花架的工程施工图，自定比例抄绘。注意线型尺寸。

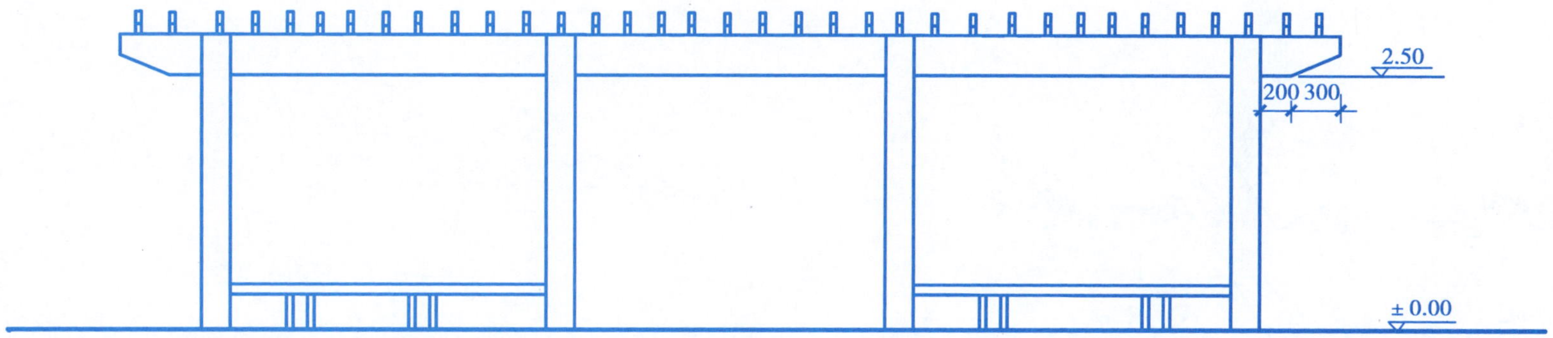

立 面 图

1:50

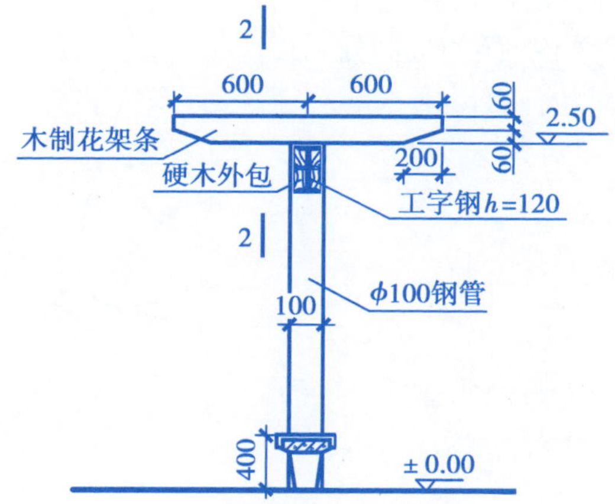

1—1

1:50

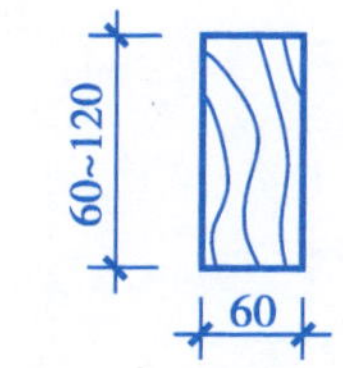

2—2

1:10

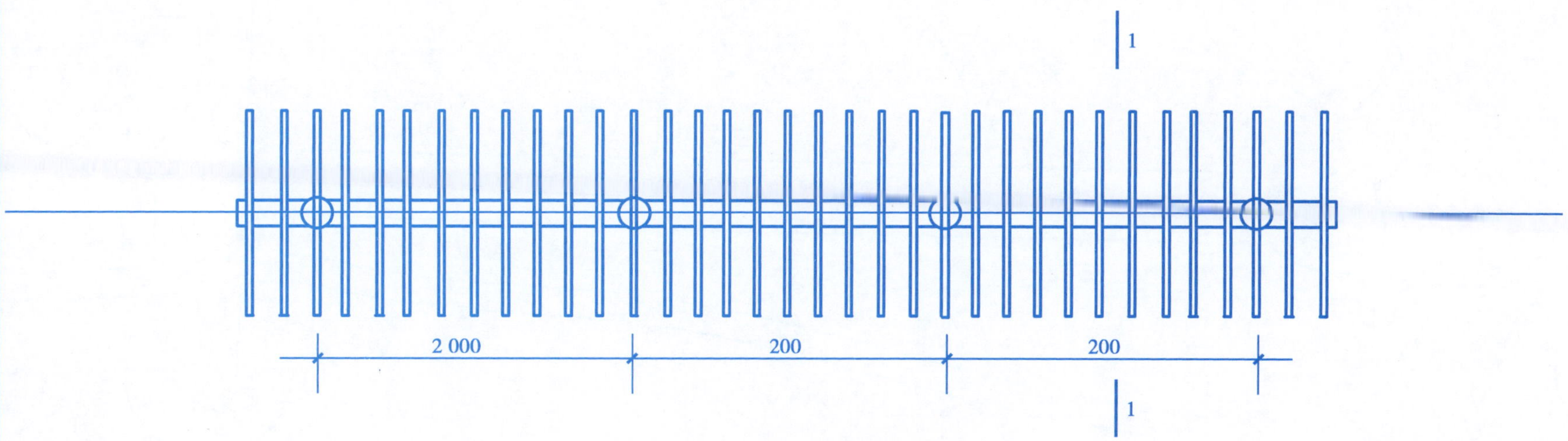

平 面 图

1:50

说明：

(1) 花架柱、梁、花架条为白色外墙涂料贴面，坐凳支柱为白色外墙涂料。

(2) 花架条为木制作，预埋铁安装要按设计要求来做，手工电弧焊，T42焊条，焊缝高度不小于3 mm。

6.6 园林竖向设计图

1. 右图为某水上公园的竖向设计图，在图中标出整个公园的最高处和最低处，指出雨水的总流向和水体的边界。

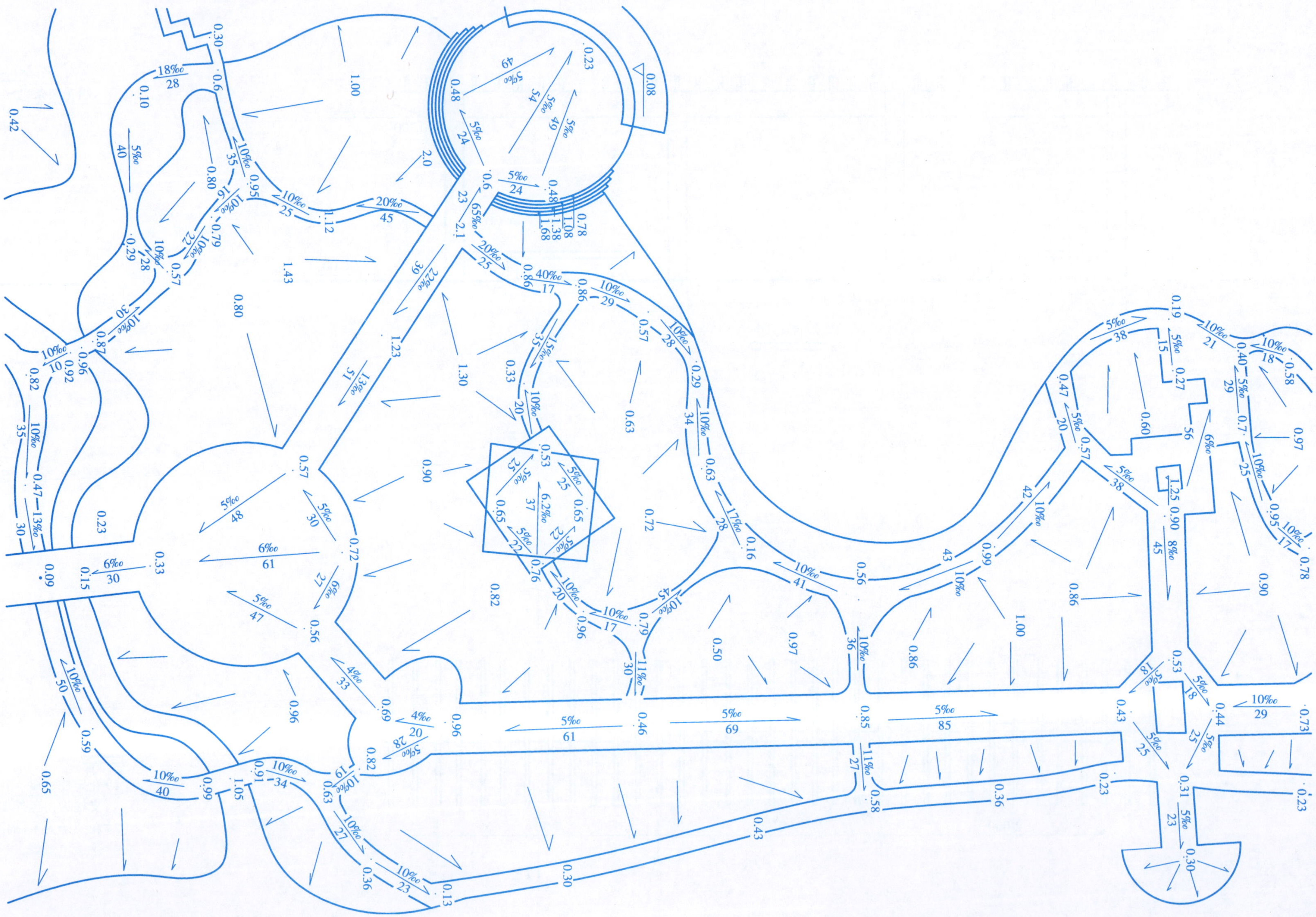

2. 右图为某城市公园的地形改造设计图，抄绘右图，图幅自定。

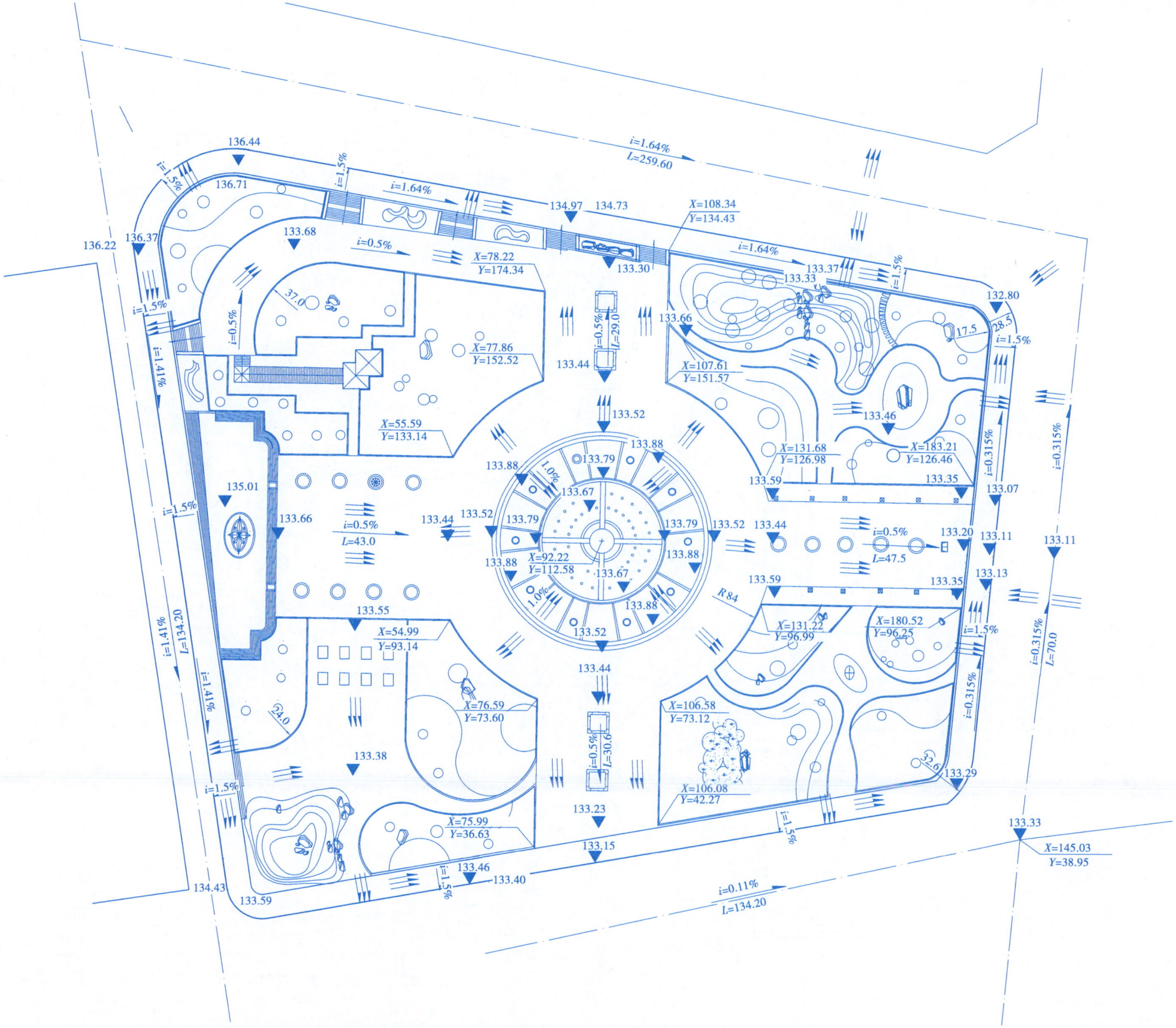

3. 抄绘右图，比例自定。

37.00
37.50
39.00
35.00
35.00
水位 34.20
池底 32.50
37.00
36.30
36.00
36.00
35.20
35.00
36.20
36.50
36.20
36.00
37.80
38.50
36.50
36.50
41.00
36.50
38.00
38.00
38.00
35.30
37.00
38.30
37.00
36.74

6.7 园林植物配置图

1. 下图为某公园的绿化设计图，读完之后请完成图例中的缺省项。

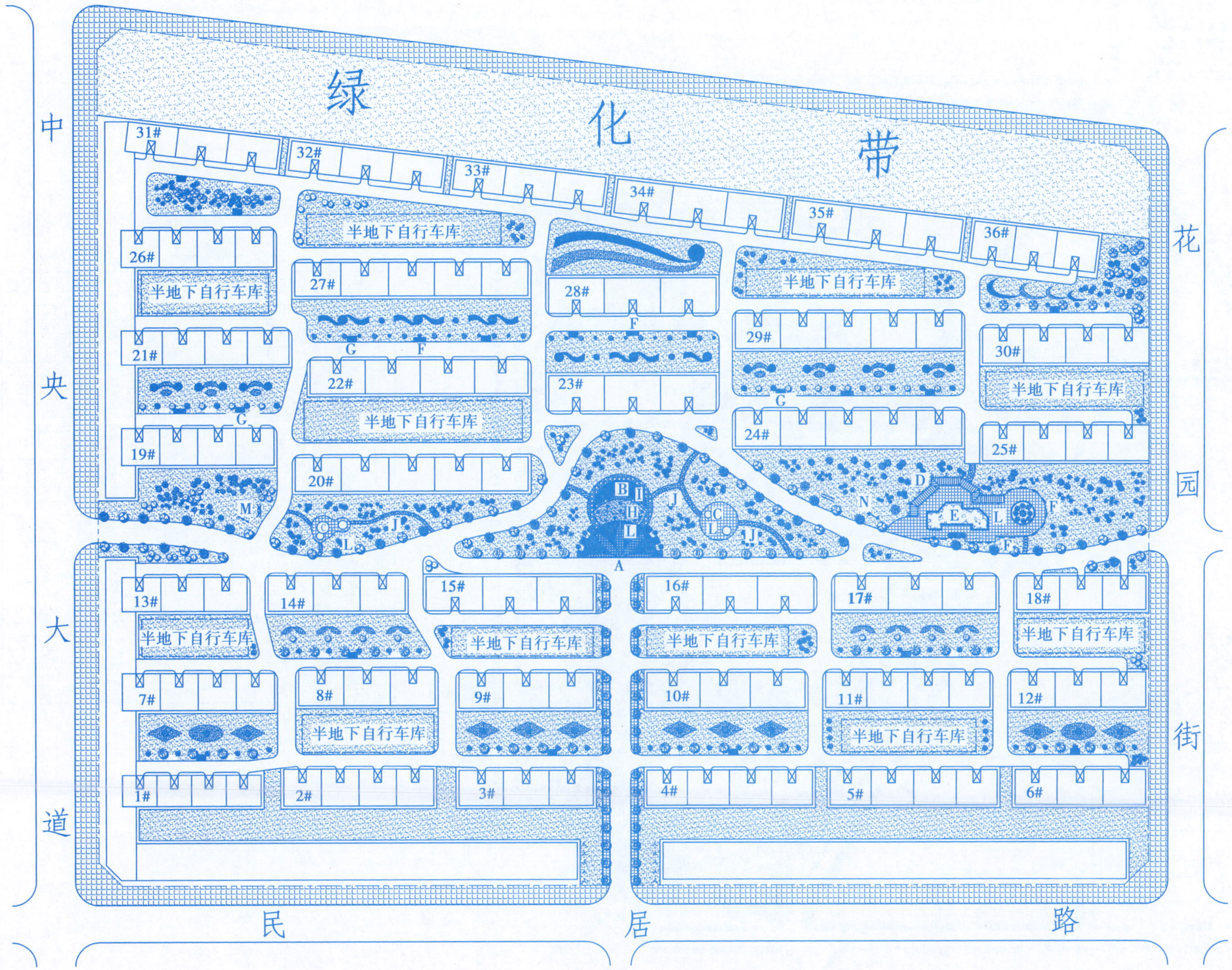

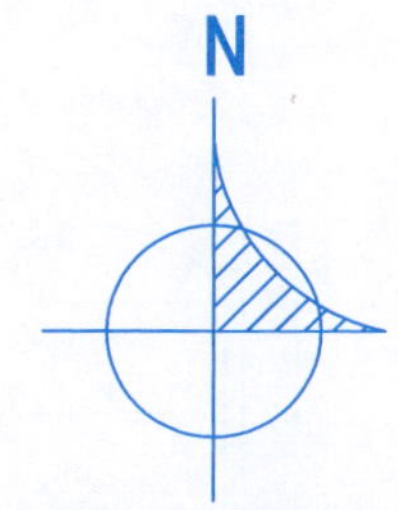

序号	图例	名称	数量
1		云杉	
2		刺柏	
3		桧柏	
4		桧柏球	
5		铺地柏拼图	
6		金丝柳	
7		馒头柳	
8		白蜡	
9		龙爪槐	
10		丝绵木	
11		紫叶李	
12		丁香	
13		榆叶梅	
14		连翘	
15		黄刺玫	
16		整形黄刺玫	
17		碧桃	
18		紫荆	
19		月季	
20		红叶小檗拼图	
21		爬山虎	
22		菊花	
23		混播草坪	
A		金花广场	245.4 m^2
B		假山叠泉	(水池85.5 m^2)
C		蘑菇亭	2组
D		花架	103.5 m^2
E		时令花坛	162.3 m^2
F		条石园凳	19处
G		仿树桩园桌凳	16处
H		模纹种植	
I		卵石铺装	80.5 m^2
J		碎磁片铺装	238.2 m^2
L		广场彩砖铺装	852.9 m^2
M		儿童活动设施	
N		健身器材	

2. 下图为某公园的绿化设计图，抄绘下图，比例自定。

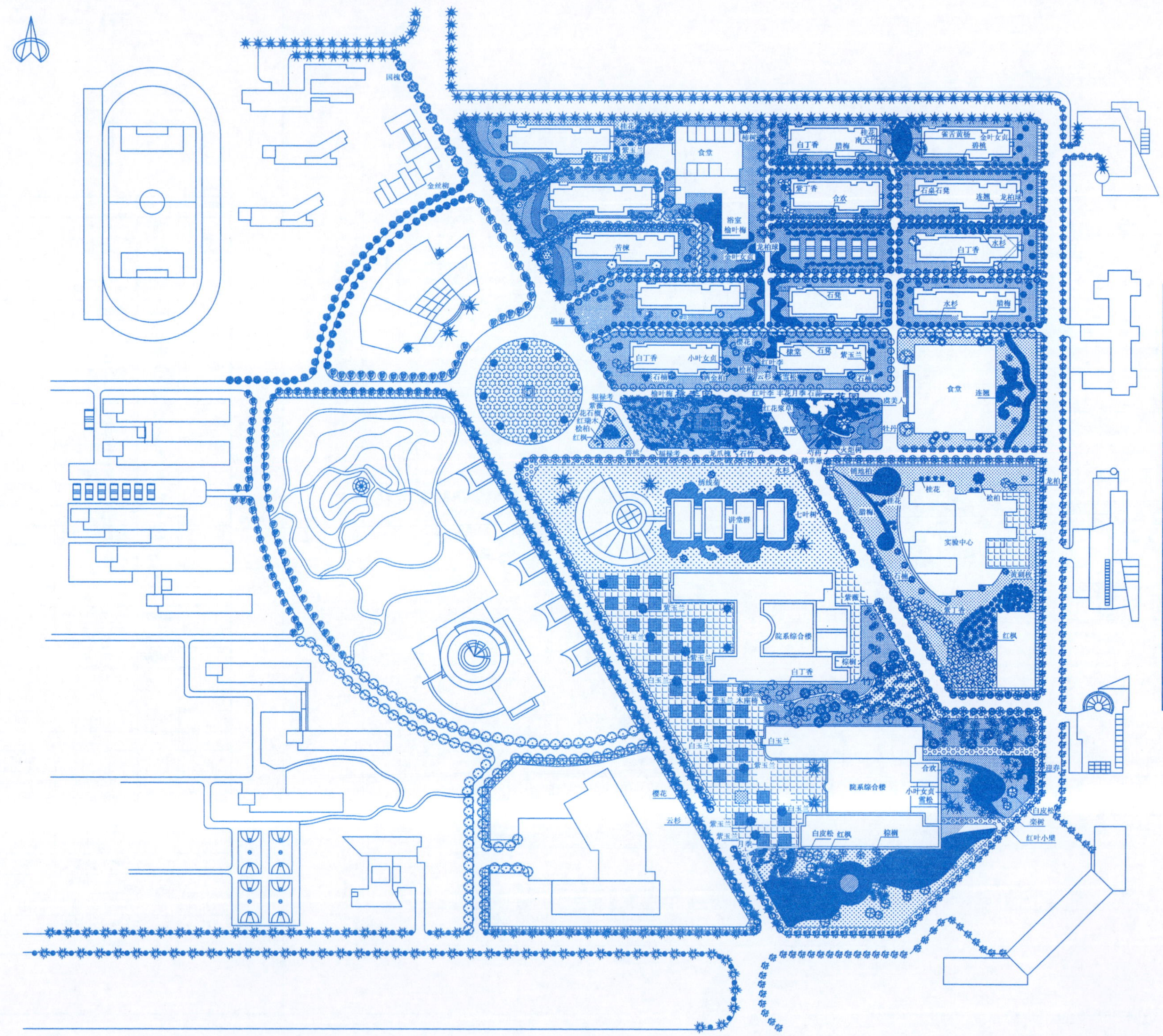

植物品种

序号	图例	名称	规格	数量	序号	图例	名称	规格	数量
1		雪松	H4 m		30		樱花	D4 cm	
2		苦楝	D6 cm		31		石楠	G1.5 m	
3		国槐	D6~8 cm		32		连翘	G0.6 m	
4		合欢	D4~8 cm		33		桧柏	H1.5~2 m	
5		栾树	D4~6 cm		34		榆叶梅	G0.6 m	
6		红叶李	D4 cm		35		黄刺玫	G0.6 m	
7		水杉	D8 cm		36		桂花	H1.2 m	
8		银杏	D6 cm		37		腊梅		
9		红瑞木	G2.5 m		38		紫薇	D3 cm	
10		红枫	D2 cm		39		龙爪槐	D4 cm	
11		紫荆	G1.5 m		40		贴梗海棠		
12		云杉	H2.5 m		41		南天竹		
13		白皮松	H2.5 m		42		洒金柏		
14		五角枫	D4 cm		43		雀舌黄杨		
15		柿树	D10 cm		44		迎春		
16		鹅掌楸	D4 cm		45		小叶女贞		
17		七叶树	D3 cm		46		金叶女贞		
18		金丝柳	D3 cm		47		红叶小檗		
19		紫玉兰	D3 cm		48		铺地柏	G0.3 m	
20		白玉兰	D3 cm		49		棣棠	G0.6 m	
21		白丁香	G1.5 m		50		丰花月季	两年生	
22		紫丁香	G1.2 m		51		牡丹		
23		棕榈	H1.5~3 m		52		芍药		
24		碧桃	D3 cm		53		龙柏球	G0.3 m	
25		龙柏	H2 m		54		鸢尾		
26		大叶女贞	D5 cm		55		石竹		
27		花石榴	G0.8 m		56		虞美人		
28		白蜡	D10 cm		57		石蒜		
29		火炬树	D10 cm		58		福禄考		
60		樱花			59		红花浆草		

比例：0 10 20 30 40 50

西安市周至宏森园林绿化有限公司				工程名称	西安培华学院长安新校区绿化	
				单项名称	平面绿化设计	
总工程师		校对		平面图	图别	平面
项目负责		设计	陈永欣		图号	1/1
审核		制图	陈永欣		日期	2004.7.18

6.8 园林给排水设计图

下图为某游园广场的给排水设计图，通过图例、说明及平面管线图了解广场绿化用水的给排管路线。

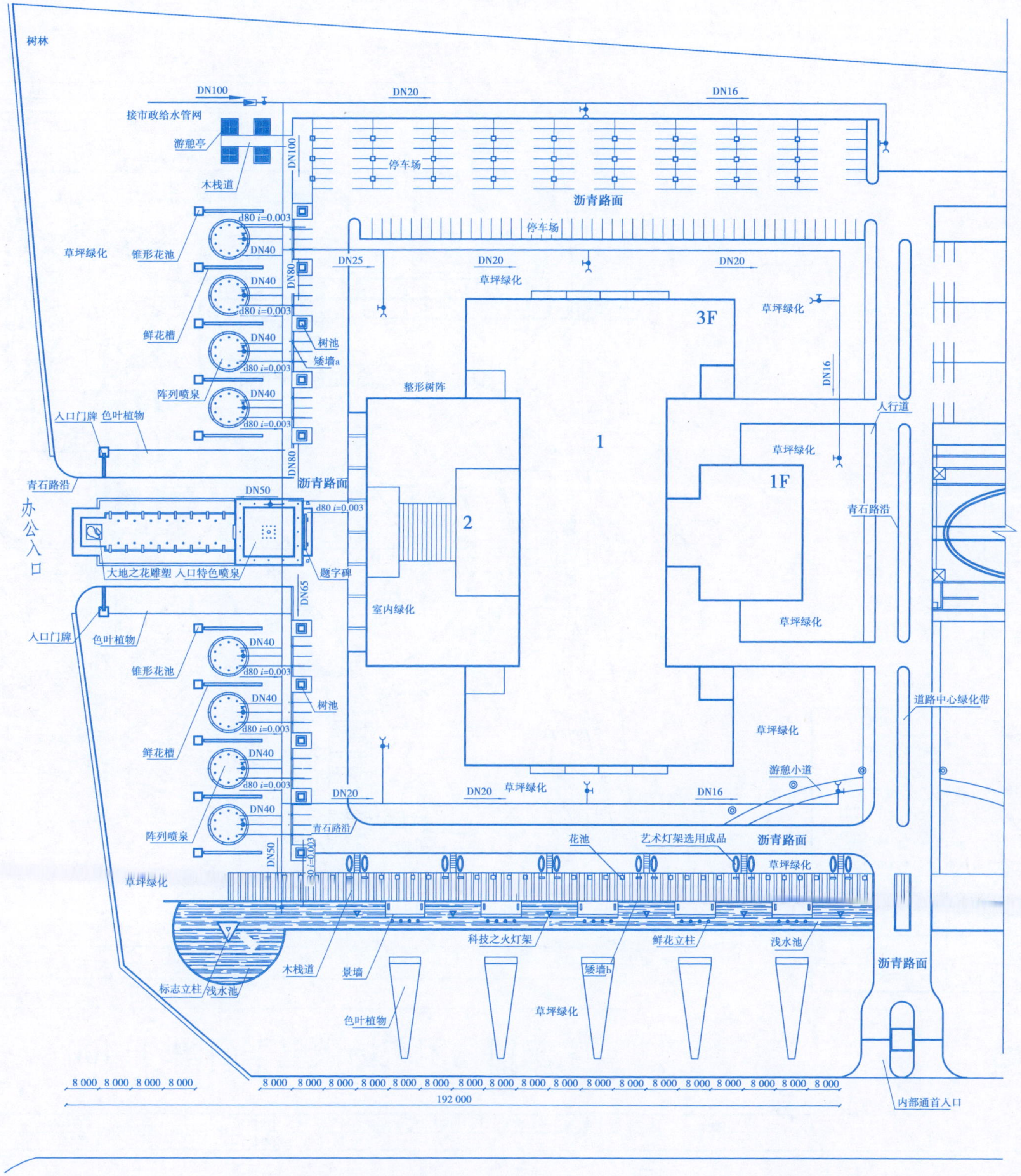

1.图中尺寸单位除标高、管长及距离以米计外，其余均以毫米计。
2.给水管采用UPVC塑料给水管，橡胶套连接。给水管覆土深度不小于1.0 m。
3.污水管采用圆形钢混凝土排水管，管顶平接或跌水连接，钢丝网水泥抹带接口。
4.管道基础为天然地基时，可素土夯实；地基为岩石或半岩石时，应铺砂找平，砂垫层厚度150～200 mm；地基为松软土壤时，应作90°混凝土基础。
5.各类井的井盖及盖座采用轻型井盖及盖座。
6.检查井采用圆形砖砌检查井，污水井详国标S231/28—12。
7.水表井采用国标S145/17—12。
8.场地雨水通过已有水篦子就近排入已有排水系统，位置由现场确定。
9.排水管道施工按国家相应规范、规定进行。
10.管道试压应符合《给排水管道施工及验收规范》的规定。

图例
给水管
排水管
污水检查井
水表井
洒水栓
截止阀

景观给排水平面布置图

下图为某游园广场的供电系统图，对照图例，找出图中的开关、总电路控制钮的位置。

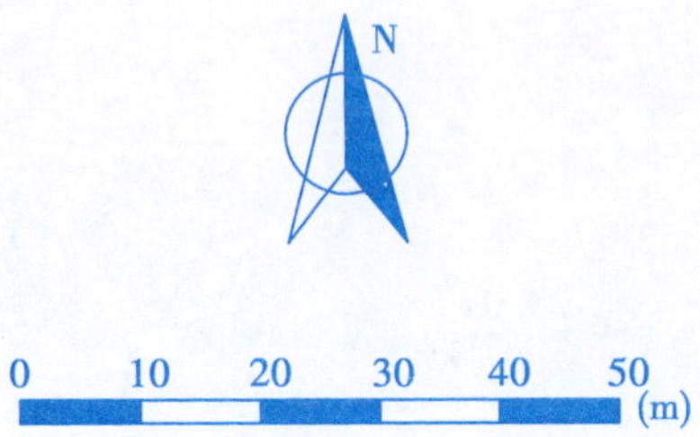

供电设计说明

1.电源：采用3N-380/220三相五线制供电，电源从城镇供电网中引入。
2.电源引入处需重复接地，接地电阻<10 Ω。
3.广场线路布置采用铜芯塑料绝缘线穿塑料管埋地覆设，埋地深度为地下0.5 m。
4.庭院灯线路线径均采用BV2.5。

图 例

引入线	
庭院灯	CTTY3201 $\frac{3*100}{3.3}$
庭院灯	CTTY3203 $\frac{3*100}{2.6}$
配电箱	

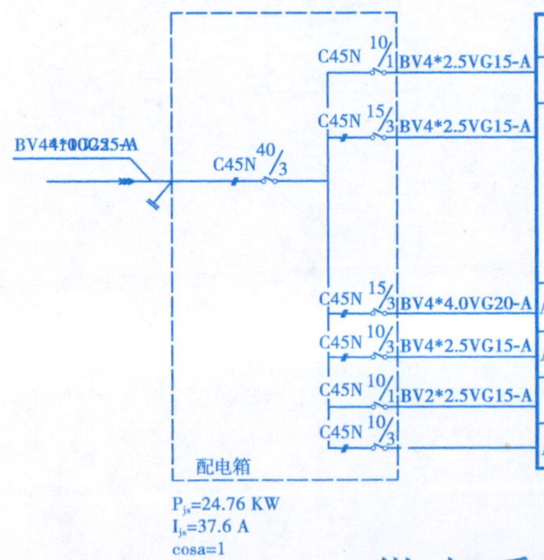

相序	容量/ W	用途
A	1500	厕所管理房照明、插座
		庭院灯、广场照明
A	12*200=2 400	CTTY3203 $\frac{2*100}{2.6}$
B	6*500=3 000	CTTY3201 $\frac{5*100}{3.3}$
C	4*500=2 000	CTTY3201 $\frac{5*100}{3.3}$
	5*200=1 000	CTTY3203 $\frac{2*100}{2.6}$
A、B、C	4 000 3 000	潜水泵JQB-9-19 潜水泵QY25-26-3
A、B、C	18*100=1 800 14*100=1 400	水下彩灯 SXCT-220-100A
A		花钟
A、B、C	5 000	预留

供电系统图

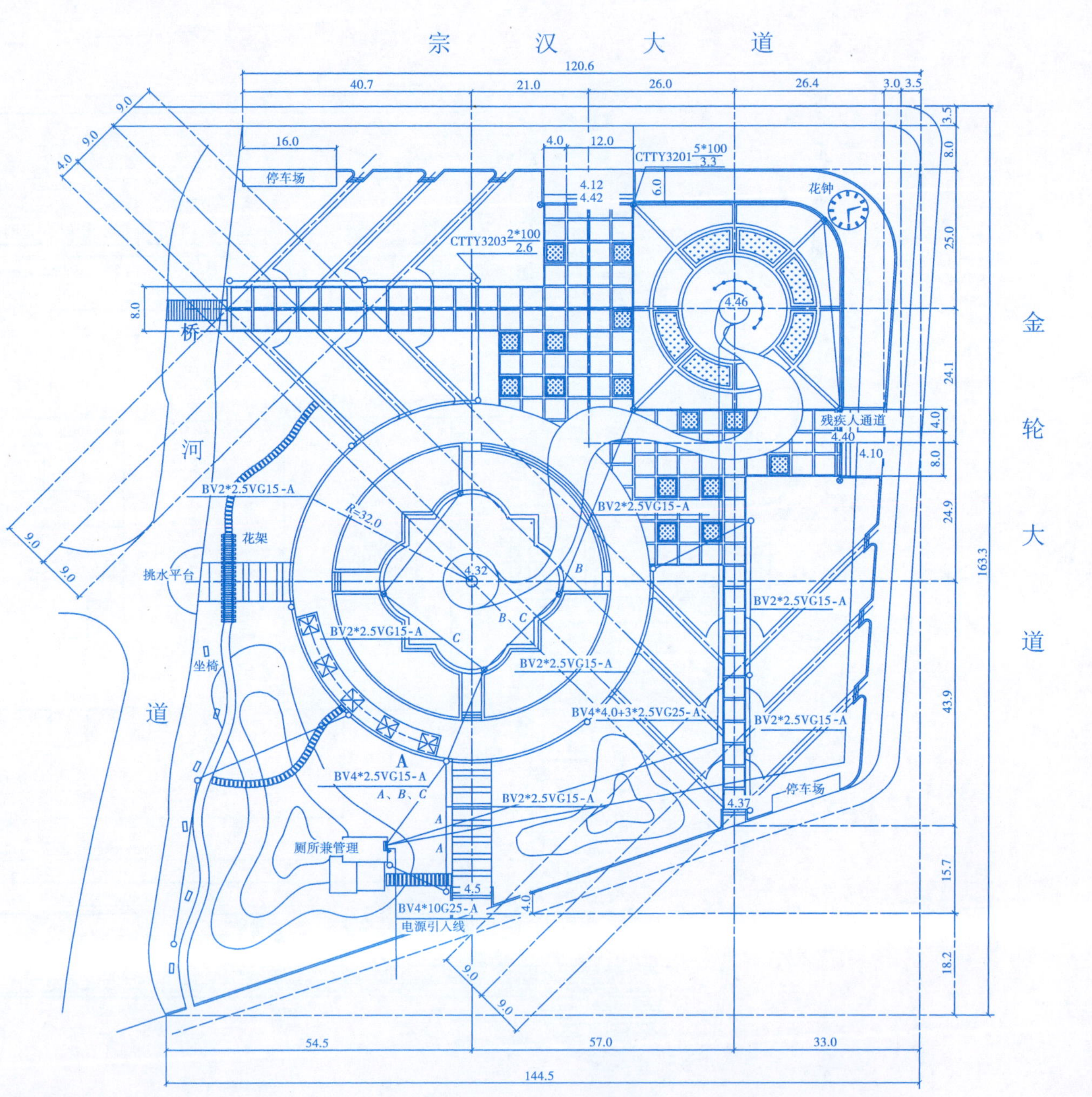

宗汉镇休闲广场供电平面图 1:400

审 定	审 核	项目负责	设计计算	制 图	校 对	日 期	图目	供电平面图、系统图	工程名称		工程号	
									项 目	休闲广场设计	图 号	

6.10 结构施工图

下图为一游园漫水桥的结构施工图，了解桥体构筑的材料、施工要求、施工方法。

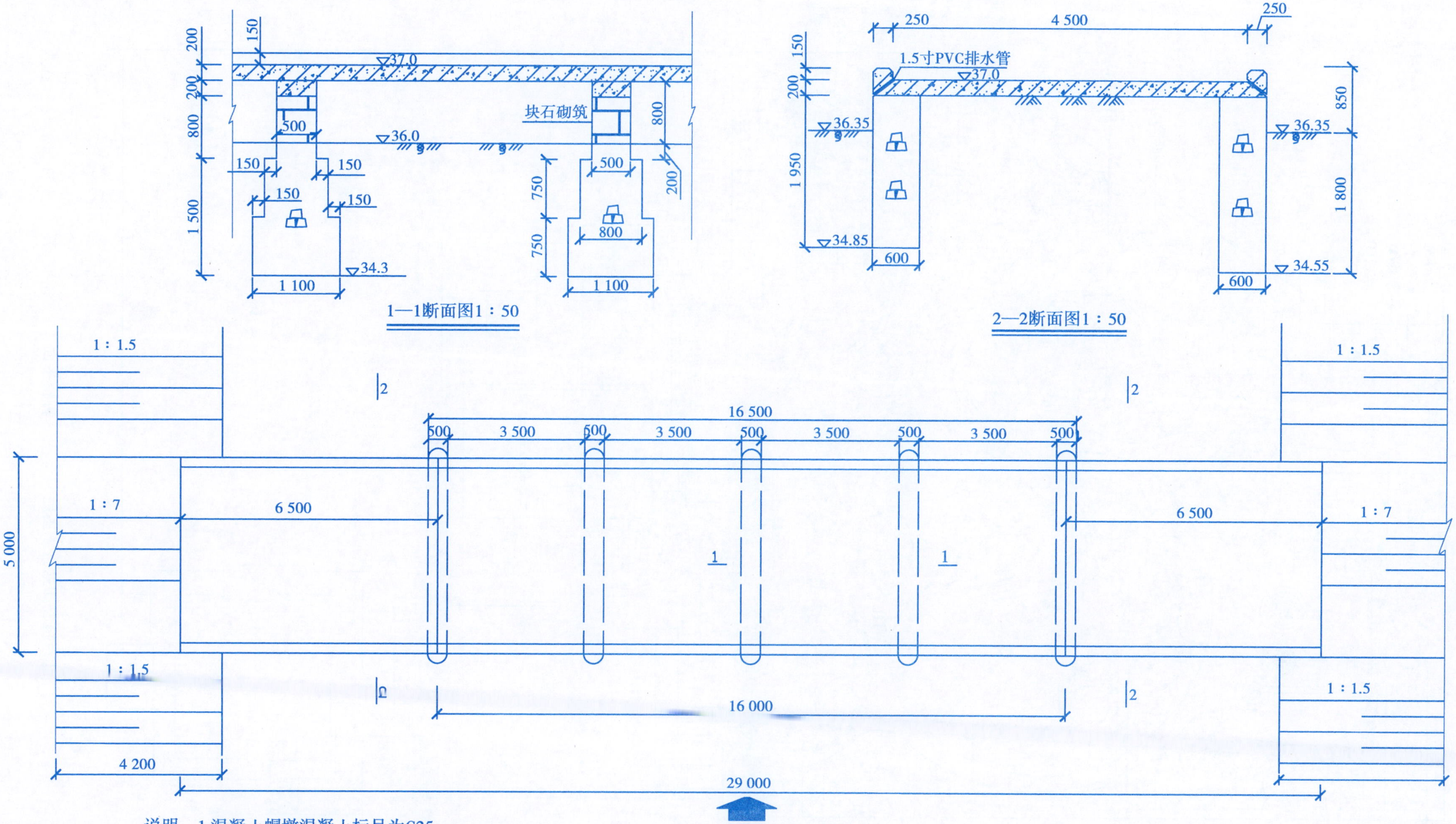

说明：1.混凝土帽墩混凝土标号为C25；
2.浆砌石砌筑砂浆M7.5，混凝土采用C20；
3.坝体排水管间距8 m，采用1.5寸PVC管；
4.回填砂砾石水撼；
5.桥板保护层厚度为20；
6.混凝土板接缝处采用4层油毡纸接缝。

实训 6　下图为北京种植园盆景园的种植平面图，请按适当比例放大后绘制，并制出该平面图的图例、苗木统计表。

姓　名		班　级		学　号		成　绩		其　他	

综合实训

下图所示分别为一以休息亭廊为主题的休息地的平面图与立面图。休息亭廊以花架连接两平顶亭形成一整体,临水一端平顶亭并设一平台挑出水面。要求通过图示的平立面图全面了解休息地的整体规划布局及景物的集体平面位置和朝向,完成下列绘图:

(1)完成休息地的总体规划设计图及其立面图;

(2)绘制休息地的铺地和园路施工图(园路路面为冰梅水泥嵌缝路面);

(3)绘制休息地的水体施工图(包括平面图与剖视图);

(4)绘制休息地的绿化种植设计图;

(5)绘制休息地的成角鸟瞰透视图,并绘制出挑出水面平台的倒影。

立面图　0 1 2 3 4 5 (单位: m)

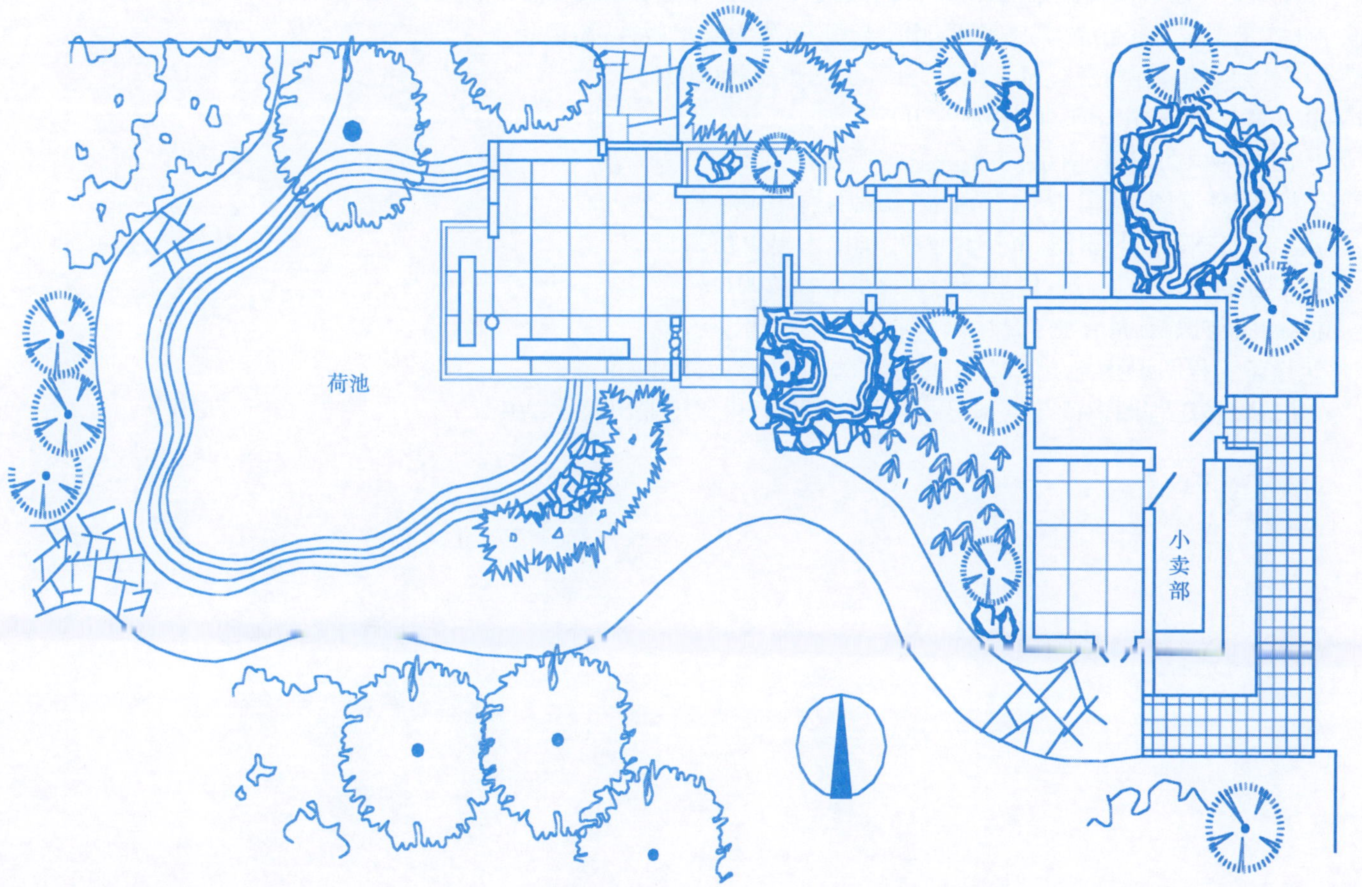

平面图　0 1 2 3 4 5 (单位: m)

参考文献

[1] 中华人民共和国城乡和住房建设部. 风景园林制图标准 CJJ/T 67—2015[M]. 北京:中国计划出版社,2015.

[2] 中华人民共和国城乡和住房建设部. 建筑制图标准 GB/T 50104—2010[M]. 北京:中国计划出版社,2011.

[3] 中华人民共和国城乡和住房建设部. 房屋建筑制图统一标准 GB/T 50001—2010[M]. 北京:中国计划出版社,2011.

[4] 欧内斯特·伯登(美). 建筑设计配景图库[M]. 白晨曦,译. 北京:中国建筑工业出版社,1997.

[5] 夏克梁,徐卓恒. 景观设计手绘教学与实践[M]. 上海:东华大学出版社,2015.

[6] 柴海利. 最新国外建筑钢笔画技法[M]. 南京:江苏美术出版社,2004.

[7] 金煜. 园林制图[M]. 北京:化学工业出版社,2005.

[8] 谷康,等. 园林制图与识图[M]. 南京:东南大学出版社,2005.

[9] 李随文,刘成达. 园林制图[M]. 郑州:黄河水利出版社,2010.

[10] 王晓婷,明毅强. 园林制图与识图[M]. 北京:中国电力出版社,2009.

[11] 吴机际. 园林工程制图[M]. 广州:华南理工大学出版社,2001.

[12] 常会宁. 园林制图与识图[M]. 北京: 中国农业大学出版社,2015.

[13] 谭伟建. 建筑设备工程图识读与绘制[M]. 北京:机械工业出版社,2014.

[14] 谭伟建,等. 建筑设备工程图识读与绘制习题集[M]. 北京:机械工业出版社,2014.